寵物營養管理師的
狗狗鮮食譜

瑞昇文化

無論狗或人
都須靠日常飲食打造健康身體

「飲食」不是追求流行，
而是一項在日常生活中孕育寶貴生命的重要任務。
無論對狗或對人而言，日常飲食都非常重要。
然而卻有不少飼主經常為了愛犬的飲食而感到無比的煩惱，
煩惱著──

狗狗的飯到底該怎麼做呢？
狗狗到底該攝取多少營養素呢？

因此決定特別針對有這方面困擾的飼主們，
撰寫一本有狗狗營養學依據的書籍，
針對手作狗食常用食材中到底含了多少熱量或營養素等問題，
彙整成這本「手作狗食」食材大全。

書中琳琅滿目地記載著靠冰箱裡的食材就能完成餐點，
超級市場等賣場就能輕易取得的食材相關資訊，
以及不是特別日子才用到，而是日常飲食都會使用到的食譜。
希望現在才要開始為愛犬做飯，
或煩惱自己做給愛犬吃的食物太缺乏變化的讀者們會喜歡，
且擺在廚房裡隨時取用參考。

健康的身體必須靠日常飲食打造。
期望本書能成為飼主們長期愛用且非常實用，
有助於把愛犬照顧得既健康又強壯的參考書籍。

作 者 序

愛你的狗，讓牠跟你吃得一樣好！

幸福是什麼？對我而言，幸福絕對是與家人、愛犬同在。
因為貪吃，我的幸福更是看見家人與愛犬吃得心滿意足。

我與食譜非常有緣。在擔任全職義工之前，我接過很多書籍設計的案子，50%以上做的都是食譜，有一陣子，市面上暢銷的食譜，幾乎有一半經過我的手出版，這是我很美好的回憶。因此我的兩個兒子都知道，愛做菜的媽媽有個願望，退休之後要做個美食網站。沒想到，跌破眼鏡，十年前我沒退休，卻先做了個流浪狗網站——「流浪動物花園www.doghome.org.tw」。

但我要感謝這個網站，它擴大了我幸福夢想的格局，我不僅僅與我的動物家人朝夕同在，更為台灣許許多多的浪犬，找到了一條通往幸福的道路。我喜歡把落難時蓬頭垢髮的狗兒照顧得健康漂亮，交託給我信賴的認養人，而我對他們最重要的叮嚀就是：愛牠，不要讓牠吃殘羹剩菜！

有品質的狗糧是經過設計的平衡營養，但坦白說，我也疼惜我的寶貝十數年如一日，每天吃一成不變的食物。快樂是多麼重要的事，不快樂、枉過一生！愛狗人懂得愛犬希望偶爾換換口味、吃點好東西的衷心所望！

因此，我真的超級愛製作狗飯。協會最常出現的狗零食是我親手燉的大嚼骨、烤的雞肉乾；很多年，我家電鍋每天一早飄香、對皮膚病狗最好的蔬菜燉肉飯，兒子垂涎，卻是做給狗吃的。義工們常常笑我：「Rose存在的意義就是讓狗狗吃得開心！」我承認。

很驚喜看到一本由寵物營養師編寫的食譜。從健康到美味，這本書寫出了我心裡的寵愛和叮嚀——「是的，愛你的狗，讓牠跟你吃得一樣好，但不是讓牠吃人食，是讓牠吃鮮食！」

流浪動物花園協會理事長 ROSE

CONTENTS

本書用法

基本上，本書係由以下要素構成。

牛

富含蛋白質成分，據說該成分的吸收效果高於植物性蛋白質，攝取後有助於增進抵抗力，以及蛋白質來源食物中必須胺基酸等胺基酸成分最均衡的食材。脂肪、血基質鐵、維生素B群或鋅等礦物質含量也非常豐富，建議和維生素C一起攝取以促進鐵質吸收。為了降低寄生蟲感染風險，請使用加熱至60℃以上或經−10℃以下並經10日以上時間冷凍過的牛肉。

牛的各部位名稱

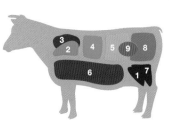

❶ 牛腿肉
❷ 牛肩肉
❸ 牛肩里肌
❹ 牛肋里肌
❺ 沙朗
❻ 牛五花肉
❼ 外側後腿肉
❽ 牛臀肉
❾ 牛胖力

牛腿肉

**脂肪含量最低、吃了最健康的部位
飼主們也一起享用吧！**

通稱「牛腿肉」的牛內側大腿肉富含維生素（B_1、B_2、B_6）或蛋白質成分，大部分為瘦肉，脂肪含量最低，吃起來最健康，據說是恢復疲勞或預防動脈硬化等效果絕佳的部位。其次，菸鹼酸成分也相當豐富，因此也推薦給希望維護皮膚健康的狗狗吃。牛腿肉中肉質最好的部分適合調理成嫩煎牛排或烤牛排等，因此是既可用於烹調飼主餐點，狗狗也可一起享用的食材。

常見的薄切牛腿肉片可捲入其他食材後調理，自由自在地變換各種吃法。相對地，切成肉塊時肉質較硬適合燉煮。

牛腿肉特徵高蛋白質、低熱量，可說是非常容易組合成菜單的食材。

食材資訊（每10g）

熱量：19.1kcal
主要營養成分：蛋白質2.07g、脂肪1.07g、碳水化合物0.06g
※和牛肉、瘦肉、生鮮　產季：全年

名稱

書中記載食材名稱完全依據「五訂增補日本食品標準成分表」中之記載，但，為了更清楚表達而記載一般名稱或魚類方面使用地方上的稱呼方式時則不受此限。

24

解說

記載各類食材中所含較具代表性的營養素、對狗狗之效能、建議採用的調理方式或餵食時的注意事項等，參考這部分的解說即可輕易地組合成「手作狗食」菜單。

本書中記載食品成分相關數值完全依據日本文部科學省（相當於我國教育部）科學技術、學術審議會資源調查分科會報告「五訂增補日本食品標準成分表」中記載數值算出。欲複製或轉載食品成分值者，須事先經文部科學省認可或提出申請，洽詢處：文部科學省科學技術、學術政策局政策課資源室。
E-mail：kagseis@mext.go.jp

牛肩肉

脂肪含量低，富含維生素B₁₂，預防惡性貧血效果絕佳。適合切斷硬筋後燉煮等，難能可貴的好食材。

食材資訊（每10g）
熱量：20.1kcal
主要營養成分：蛋白質2.02g、脂肪1.22g、碳水化合物0.03g ※和牛肉、瘦肉、生鮮 產季：全年

牛肩里肌

肉質稍硬，脂肪含量高，富含維生素A、E，優質熱量來源，切小塊時適合炒菜，切薄片時適合放入熱水裡迅速汆燙後享用。

食材資訊（每10g）
熱量：31.6kcal
主要營養成分：蛋白質2.05g、脂肪2.61g、碳水化合物0.02g ※和牛肉、瘦肉、生鮮 產季：全年

牛肋里肌

脂肪易形成霜降狀態的部位，血基質鐵含量最豐富，建議選購脂肪含量低，肉質緊實的肉品。

食材資訊（每10g）
熱量：33.1kcal
主要營養成分：蛋白質1.68g、脂肪2.75g、碳水化合物0.03g ※和牛肉、瘦肉、生鮮 產季：全年

沙朗

脂肪含量高，肉質比較軟嫩的部位，富含優良蛋白質，具備形成血液或體液、維持身體運作等作用，缺點為容易攝取過多的熱量。

食材資訊（每10g）
熱量：31.7kcal
主要營養成分：蛋白質1.71g、脂肪2.58g、碳水化合物0.04g ※和牛肉、瘦肉、生鮮 產季：全年

牛五花肉

肥瘦相間，肉質較硬，牛肉中脂肪含量最高的部位，熱量較高，依據各項的營養均衡狀況適度地給狗狗吃吧！

食材資訊（每10g）
熱量：51.7kcal
主要營養成分：蛋白質1.1g、脂肪5g、碳水化合物0.01g ※和牛肉、瘦肉、生鮮 產季：全年

外側後腿肉

通常為瘦肉，顏色較深，脂肪含量非常低，肉質精硬。富含蛋白質、鐵質、維生素（B₁、B₂），任何調理方式都適用。

食材資訊（每10g）
熱量：117.2kcal
主要營養成分：蛋白質2.07g、脂肪0.87g、碳水化合物0.06g ※和牛肉、瘦肉、生鮮 產季：全年

牛臀肉

脂肪含量低，蛋白質含量高的瘦肉，預防貧血或老化的效果非常好。

食材資訊（每10g）
熱量：21.1kcal 主要營養成分：蛋白質1.92g、脂肪1.36g、碳水化合物0.05g ※和牛肉、瘦肉、生鮮 產季：全年

牛腓力

高蛋白質、低脂肪，富含鐵質、維生素（B₁、B₂、B₆、B₁₂）等成分，營養價值非常高的部位。

食材資訊（每10g）
熱量：22.3kcal 主要營養成分：蛋白質1.91g、脂肪1.5g、碳水化合物0.03g ※和牛肉、瘦肉、生鮮 產季：全年

牛絞肉

選購全瘦牛絞肉時，熱量約可降低五成、脂肪攝取量則可降低至三成。

食材資訊（每10g）
熱量：22.4kcal 主要營養成分：蛋白質1.9g、脂肪1.51g、碳水化合物0.05g ※生鮮 產季：全年

食材資訊

熱量：記載各類食材的可食用部位（每10g）所含熱量，以「五訂增補日本食品標準成分表」為基準算出，單位為kcal（卡）。

主要營養素：記載各類食材所含較具特徵的營養素。mg（毫克）為1／1000g、μg（微克）為1／1000 mg。維生素E又分為α、β、γ、δ四大類。本書中記載α-生育醇（α-tocopherol）數值，0為低於最小記載量的1／10或未檢出；Tr表示含量未達最小記載量。

產季：記載食材最好吃、營養價值最高的時期。但，不含加工或進口食品類，易因栽培方法等因素而不同，僅供參考。

狗狗的身體和飲食

好想讓心愛的狗狗吃我親手調理的食物喔！……有這種想法時，必須了解哪些事情呢？
狗狗的身體構造或機能特徵都和我們人類不一樣，「手作狗食」前先深入地了解狗狗的身體或飲食生活
相關基礎知識吧！

🐾 狗狗原本的飲食型態

現在的狗狗屬於雜食性動物，基本上什麼食物都吃，事實上，狗狗原本屬於肉食性動物，消化肉類的能力遠遠超過人類，但，比較不擅長於消化穀類或蔬菜類食物。狗狗吃東西時不太經過咀嚼，吞嚥時通常以唾液為潤滑劑，其次，狗狗的唾液不含澱粉消化酵素，無法和人類一樣分解碳水化合物。繼而，無論狗狗或人類都無法分泌具纖維素分解作用的酵素，因此，即便攝取膳食纖維也無法消化、吸收其中的養分，不過，膳食纖維亦具備「清潔腸道」、「低熱量且具飽足感，適合減重時採用」等可於調理手作狗食時善加運用的許多優點。必須留意的是狗狗吃下大量蔬菜的話，易因腸道內細菌作用而發酵，肚子比較容易脹氣。

🐾 狗狗的腸胃特徵

狗狗畢竟是肉食性動物，因此，相對於身體，胃部顯得特別大。其次，相較於都是以消化時間較長的植物為主食而腸道通常比較長的人類或草食性動物，狗狗的腸道比較短。具野性的肉食性動物捕獲獵物後通常一口氣吃進肚子裡去，可擺在肚子裡好幾天，慢慢地消化、攝取養分，大型犬還具備該機能，當做寵物飼養的小型犬幾乎都已經失去該消化吸收機能。此外，狗狗飯後運動易引發胃擴張或胃扭轉等症狀。狗狗的胃液具強酸性，據說足以對抗生肉的細菌，但，現代家庭飼養的狗狗吃下細菌含量較高的肉類而出現身體不適的可能性較高，因此，只適合吃新鮮的肉品。

🐾 狗狗的牙齒機能

狗狗的牙齒形狀非常適合撕裂肉塊，咬碎肉骨頭，可明顯地看出肉食性動物特徵。狗狗的牙齒並不具備細嚼慢嚥以促進消化之機能，只能將食物咬碎成一口大小，無法咬碎的食物則整個吞下肚子裡去，因此，市售狗糧都處理成即便狗狗整個吞進去依然能充分消化吸收的狀態。手作狗食時，肉不管切多大塊，狗狗都能消化吸收，狗狗比較無法消化的蔬菜等食材則必須多花些功夫，切碎或搗碎後才調理。

🐾 聽說狗狗不能吃鹽，為什麼呢？

狗狗只有腳底有一小部分汗腺，因此不需要像人類一樣攝取那麼多鹽份，而且，食材中已經含鹽份（鈉成分），所以不需要特別添加。當然，狗狗若能充分攝取水分，多餘鹽份自然會排出體外，多吃一點鹽也不會馬上生病，問題是現在的狗狗越來越長壽，飲食生活中持續攝取過多鹽份，傷害腎臟等器官或罹患心臟疾病的風險自然升高。

🐾 狗狗的味覺和人們不一樣嗎？

狗狗的味蕾（味覺器官）數量比人類少，對於味道不像人類那麼講究，但因「酸＝腐壞」、「苦＝毒」等動物的本能感受，狗狗通常比較不喜歡具酸味或苦味的食物。其次，狗狗吃到有鹹味或甜味等有味道的食物時，當然還是會感到比較好吃，吃習慣後若吃到沒味道的食物就會覺得不夠刺激或不想吃。狗狗不吃東西原因可能在於吃過太多調味較重的零食。

營養均衡的基本概念

無論狗狗或人類都一樣，營養素為生存上絕對不可或缺的成分。構成身體、提供熱量來源的三大營養素為「蛋白質」、「脂肪」、「碳水化合物」。因為長期和人類共同生活的關係，狗狗的雜食化情形越來越深化，因此，假使無法從食物中攝取到這些營養素，無論狗狗或人類都無法健健康康地生活。

成犬（小型犬 1～6 歲、大型犬 1～4 歲）

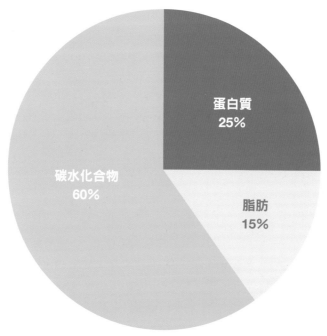

※碳水化合物包括醣類和膳食纖維。

即便是人們也很難從一餐的飲食中確實地攝取到均衡的營養素，因此最好能針對3天或1星期等，重新檢視期間內的飲食內容以確認攝取的營養素是否超過或不足，設法攝取到最均衡的營養。若依據「○○對身體很好」等資訊而大量攝取某種營養素，很容易影響及其他養分之攝取，不能稱之為營養均衡。必須靠日常飲食強化某種營養素時，建議攝取其他養分以相互彌補不足，設法達到最均衡的狀態。圖表中記載比例僅供參考，建議觀察體重變化等適度地調節比例。

生命階段別營養均衡概念

必要營養素也會隨著生命階段而改變。幼犬和高齡犬用於維持身體運作的養分必要量差異據說高達四倍。養分必要量也會隨著生活環境或地區、狗狗品種、活動量等因素而不同。幼犬的身體成長狀況每個月都不一樣，7歲或14歲的高齡犬身體狀況也大不相同。因此，相關數據僅供參考，最重要的是日常生活中的仔細觀察。

幼犬（0～12個月）

蛋白質
22～32%

碳水化合物
43～68%

脂肪
22～25%

※碳水化合物包括醣類和膳食纖維。

蛋白質必要量在離乳前後達到最高峰，然後慢慢地下降。成長期狗狗必須吃含蛋白質成分的粥狀等比較容易消化的食物。據推估，成長期狗狗一天的必須脂肪酸必要量為250mg／kg，且必要量因月齡不同而出現10～25%的重大差距。脂肪和飲食中的熱量關係最密切，熱量攝取過多時，易因肥胖而致使大型犬出現骨骼等方面的疾病。因此，飼養大型犬時更應避免狗狗攝取過多熱量。

高齡犬（小型犬約7歲～、大型犬約5歲～）

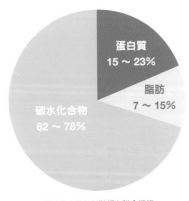

蛋白質
15～23%

脂肪
7～15%

碳水化合物
62～78%

※碳水化合物包括醣類和膳食纖維。

狗狗邁入高齡期後，體溫或活動量都會下降，皮下脂肪增加。成長至7歲左右的期間內，狗狗的熱量或養分的必要量據說會下降12～13%。隨著年齡增長而體重或體脂肪增加的主要原因為，狗狗的活動量下降卻又攝取過多的熱量。其次，狗狗年紀越大，體重下降時，越需要以高脂肪、高適口性、高品質的蛋白質為狗狗補充熱量。此外，為了預防免疫力下降，必須更加留意肥胖問題，讓狗狗攝取必要熱量。以上各點可說都是維護狗狗健康之秘訣。

狗狗的必要營養素

動物為了生存而必須攝取的物質稱為營養素，狗狗也必須攝取「蛋白質」、「脂肪」、「碳水化合物」、「維生素」、「礦物質」等五大營養素，均衡攝取這些營養素即可維護身體健康，透過本單元先了解一下各種營養素的功能吧！

蛋白質

> 動物性蛋白質：肉、蛋、魚、乳製品等
> 植物性蛋白質：大豆、豆類、堅果類、穀類等

蛋白質為打造身體組織、維持生命的必要營養素，可大致分成動物性蛋白質和植物性蛋白質。內臟、肌肉、血液、皮膚等身體部位大多由蛋白質構成，而各部位的細胞幾乎無時無刻地新陳代謝著。狗狗體內無法合成，因此，必須設法讓狗狗攝取非常均衡的必須胺基酸含量，及外部才能攝取到的蛋白質成分。蛋白質是打造身體的主要營養素，因此，攝取不足時全身都會受到影響。

脂肪

> 動物性脂肪：肉類脂肪、奶油、豬油等
> 植物性脂肪：植物油等

脂肪為活動身體的熱量來源，身體會慢慢地使用其中的熱量，同時也是必須脂肪酸的供應來源，還具備促進脂溶性維生素吸收等作用，可大致分成動物性脂肪和植物性脂肪。脂肪為形成細胞膜或荷爾蒙的必要成分，正確、適量地攝取有助於改善身體狀況或體質，提高適口性。不過，動物性脂肪中的飽和脂肪酸含量非常高，攝取過量時易成為肥胖、動脈硬化之主因或導致壞膽固醇堆積。

碳水化合物

> 醣類：白米、糙米、麥、麵包、薯類、玉米等
> 膳食纖維：蔬菜、菇蕈類、水果、海藻等

由醣類和膳食纖維構成的碳水化合物是活動身體的主要熱量來源。對狗狗而言，醣類（澱粉）是碳水化合物中最容易消化吸收的成分。穀類或芋薯類具備澱粉特性，生鮮狀態下無法吸收，務必加熱後才給狗狗吃。膳食纖維是消化酵素無法消化掉的營養素，可大致分成水溶性和不溶性兩大類。膳食纖維具備促進腸道蠕動、抑制膽固醇吸收等作用。

⊞ 維生素

維持生理機能運作上絕對不可或缺的營養素之一，可分為水溶性維生素和脂溶性維生素兩大類，水溶性攝取過量時會排出體外，脂溶性維生素則容易在體內堆積。

水溶性維生素

維生素 B₁（硫胺素）

代謝醣類或胺基酸，產生熱量。成長、神經傳達物質的必要成分。
含量高的食材：豬肉、黃綠色蔬菜、豆類、全穀類、米糠、芝麻等
缺乏症狀：腳氣、浮腫、神經炎、心臟肥大、四肢失調、全身麻痺等

維生素 B₂（核黃素）

代謝熱量、維護皮膚‧角膜健康、形成促進酵素作用的成分等。
含量高的食材：蛋、黃綠色蔬菜、酵母、乳製品等
缺乏症狀：成長停滯、脂漏性皮膚炎、白內障、口唇發炎等

菸鹼酸（維生素 B₃）

代謝熱量、合成脂肪酸。促進酵素作用。
含量高的食材：酵母、雞里肌肉、舞菇、豆類、柴魚（鰹魚）、魚粉等
缺乏症狀：皮膚炎、腹瀉、中樞神經異常、黑舌病（狗癩皮病）

維生素 B₆（吡哆醇）

胺基酸代謝必要維生素。合成神經傳達物質。
含量高的食材：肉類、黃綠色蔬菜、全穀類、炸天婦羅的油渣等
缺乏症狀：皮膚炎、神經炎、貧血、肌肉弱化、腎臟衰竭

維生素 B₁₂（鈷胺素）

促進紅血球或神經機能。活化葉酸的必要成分。
含量高的食材：肉、魚貝類、酵母等
缺乏症狀：惡性貧血、神經病變、成長受影響、缺乏活化葉酸（THF）等

葉酸（folacin）

代謝核酸和胺酸、形成血液。合成磷脂質的必要成分。
含量高的食材：黃綠色蔬菜、蛋黃、高麗菜、水果、酵母、裙帶菜等
缺乏症狀：惡性貧血、舌頭發炎、口角炎、白血球減少、食慾不振、成長受影響等

泛酸

代謝醣類、脂肪、胺基酸。構成輔酵素A的成分。
含量高的食材：鮭魚、肉、蛋黃、大豆、堅果類、米、納豆等
缺乏症狀：皮膚炎、脫髮、腹瀉、成長受影響、脂肪肝、低膽固醇症等

維生素 C（抗壞血酸）

增進免疫機能、合成膠原蛋白和肉鹼、抗氧化作用。
含量高的食材：綠花椰菜、馬鈴薯、番茄、青椒等
缺乏症狀：氧化、壞血病、倦怠感、感染症、加速老化等

其他：代謝脂肪、醣類、胺基酸，抑制炎症的生物素，和神經傳達、肝臟功能息息相關的膽鹼等。

脂溶性維生素

維生素 A

維護視覺粘膜機能、成長、細胞分化和機能、骨骼代謝。
含量高的食材：胡蘿蔔、蛋黃、黃綠色蔬菜、玉米等
缺乏症狀：夜盲症、乾眼症、皮膚病變、免疫機能下降等

維生素 D

促進鈣、磷之吸收以及骨骼的正常發育。
含量高的食材：乾香菇、蛋黃、鰈魚、鮭魚、木耳等
缺乏症狀：軟骨症、低血鈣症、副甲狀腺機能亢進症等

維生素 E

維護細胞膜構造、生殖腺、肌肉、神經系統機能。
含量高的食材：豆類、肉類、黃綠色蔬菜、穀類、胚芽、植物油等
缺乏症狀：退化性骨骼肌肉疾病、精子形成障礙、脂褐素代謝異常、肌肉變脆弱等

維生素 K

維護凝血因子機能、維護骨骼代謝機能、促進細胞增生。
含量高的食材：巴西里、蛋黃等
缺乏症狀：凝血功能異常、出血性病變。服藥或導因於消化系統疾病的吸收不良時最容易缺乏的營養素等

※攝取脂溶性維生素後易於體內堆積，攝取過量可能導致中毒，必須多加留意。

🐾 礦物質

維持生理機能、構成身體的營養素，體液或骨骼等部位亦存在，具活化酵素或激素等作用。體內無法形成，食物中才能攝取到的必要成分。

鈉

維持滲透壓和pH值，調節細胞內養分輸送，促進水分代謝。
含量高的食材：熬湯小魚乾、魩仔魚乾、麵包、起司等
缺乏症狀：肌肉痙攣、脫水症狀、嘔吐、心悸、食慾不振、極度倦怠等

鉀

調節細胞內養分輸送，促進水分代謝，和鈉一起攝取效果更好。
含量高的食材：昆布、魩仔魚乾、蘿蔔乾、烤蕃薯、芋頭、紫蘇、巴西里、納豆、熬湯小魚乾、石蓴、羊栖菜、裙帶菜等
缺乏症狀：心律不整、頻脈、肌力下降、食慾不振、發育異常、脫水症狀等

鈣

保護骨骼或牙齒等部位之健康，維護肌肉收縮，調節細胞分裂等。
含量高的食材：芝麻、柳葉魚、小松菜、油菜、水菜、白蘿蔔、蘿蔔乾、巴西里、納豆、板豆腐、凍豆腐、無脂肪乳、起司等
缺乏症狀：佝僂病、軟骨乳化症、骨質疏鬆症等

鎂

抑制神經亢奮、活化酵素。構成骨骼的成分之一。
含量高的食材：羊栖菜、豌豆仁、小紅豆、四季豆、小麥胚芽、納豆、油豆腐、無脂肪乳、芝麻、綠海苔、海苔、裙帶菜等
缺乏症狀：成長遲緩、過度刺激而導致素稱強直性痙攣等症狀

磷

核酸成分，構成細胞膜的成分。輸送熱量。
含量高的食材：乾貨、肉類、蛋黃、金目鯛、魚類、小魚、堅果類、大豆加工食品、乳製品、乾貨、蕎麥等
缺乏症狀：阻礙骨骼成長、嗜好異常、繁殖機能下降、衰弱、食慾不振等

鐵

體內運送氧氣。非血基質鐵和維生素一起吸收效果更好。
含量高的食材：木耳、牛腿肉、蛋黃、小松菜、蘿蔔乾、海苔、羊栖菜、大豆加工食品、芝麻等
缺乏症狀：貧血、血液中的血紅蛋白數下降、倦怠感、食慾不振等

鋅

合成蛋白質或產生性激素。ALP等代謝的必要成分。
含量高的食材：牛肉、蛋黃、羊腿肉、莧米、芝麻、松子等
缺乏症狀：味覺異常、嘔吐、角膜炎、毛髮異常、食慾下降、成長障礙、皮膚異常、骨骼異常等

銅

維護毛髮、皮膚健康、預防貧血，活化各種酵素。
含量高的食材：蠶豆、荏胡麻、芝麻、杏仁、豆皮等
缺乏症狀：骨骼異常、貧血、成長遲緩、體毛呈褐色、心臟功能異常、神經症狀等

錳

形成葡萄糖或軟骨成分的軟骨素時的必要酵素成分。
含量高的食材：糙米、木耳、豆類、紫蘇、九層塔、巴西里、小麥、納豆、油豆腐、芝麻、綠海苔、海苔等
缺乏症狀：成長遲緩、流產、骨骼異常等

礦物質攝取更需要均衡！

礦物質特徵為大量攝取其中一種就會影響其他種類礦物質之吸收。
● 大量攝取磷、鈣、鉀、脂肪、蛋白質成分時→鎂的吸收效果下降。
● 大量攝取磷、鐵、鈷成分時→錳的吸收效果下降。
● 大量攝取鈣、鎂成分時→磷的吸收效果下降（大量攝取富含膳食纖維成分的食物時，磷的利用效果也會下降）。

其次，必須齊備以下條件，鈣和磷才可能處在最適當的營養狀態下。
① 讓狗狗充分地攝取各種營養素。
② 理想的鈣和磷比率為2～1：1，儘量避免超過此範圍。
③ 體內必須存在維生素D。
※罹患腎臟疾病的狗狗必須限制蛋白質、鈉、磷等成分之攝取。

其他：合成甲狀腺激素的碘等成分。
※鈉、鉀、鈣、鎂、磷、鐵、銅、碘等成分過度攝取易影響身體健康，攝取時務必審慎。

手作狗食與市售狗糧之差異

手作狗食與市售狗糧各有優缺點，重點是必須仔細觀察跟前的愛犬狀態，慎重地選擇。充分考量愛犬的年齡、疾病或體質等，選擇最適當的飲食即可降低風險。以下將針對各種狗食之優缺點做更詳盡的剖析。

手作狗食

○優點

- 可選用當令的新鮮食材
- 可嚴選材料（可掌控材料的品質）
- 可選用自己最想使用的食材
- 人和狗的餐點使用相同的食材而更經濟
- 可選用調理方式和烹調器具
- 可消除過敏原而有效避免引發食物過敏症狀

✕ 風險

- 必須動手調理，飼主太忙時可能造成負擔
- 知識不足時無法讓狗狗攝取到均衡的營養
- 易因素材之選用、保存或調理方法等導致養分變質
- 可能因為調理器具使用不當而破壞養分或產生有害物質
- 易因調理後存放而導致食物中毒

市售狗糧

○優點

- 不必像手作狗食那麼費心思考營養均衡問題
- 不必花時間調理（狗狗可吃到品質完全相同的食物）
- 可依照疾病類別選用狗食而完全掌控狗狗的病情
- 可買到物美價廉的狗食
- 易於保存
- 幾乎不必擔心食物中毒或感染寄生蟲等問題（採用高溫調理方式）

✕ 風險

- 無法確認原料或調理環境等詳情
- 安全性不受保障
- 難以避免添加物
- 已作好預防氧化措施，但開封後就難以避免食物繼續氧化
- 偶而因生產管理或原料等因素而混入其他物質

手作狗食的注意事項

使用市售狗糧時，只需依據包裝上記載，將一天的大致攝取量倒入狗狗的餐具裡，手作狗食則不同，並無攝取量依據準則，剛開始製作時難免感到無所適從，因此將手作狗食時的注意事項彙整如下：

一天該餵食
幾次呢？

狗狗的胃非常大，一看到眼前有食物就會想辦法吃得飽飽地，一次倒入一天份狗糧的話，很容易造成胃部負擔，因此，成犬通常一天餵兩次，胃腸較弱的幼犬分成3～4次餵食就比較不會造成負擔。

手作狗食的適當溫度

剛做好的狗食當然必須放涼後才給狗狗吃，不過，擺太涼的話難以提昇適口性，因此，以相當於或略高於人體溫的熱度為大致基準即可有效地提昇適口性。穀類或馬鈴薯等含澱粉成分的食物之特性為加熱後經過冷藏降溫就很不容易消化，因此，應儘量避免給狗狗吃過度冷卻的食物。

手作狗食
需要調味嗎？

一次該餵食
多少份量呢？

基本上不需要調味。對狗狗不肯吃飯而感到
煩惱時，不妨添加柴魚（鰹魚）或昆布高湯
等以提升適口性。吃慣調味的狗狗對於沒有
味道的食物感到興趣缺缺時，建議漸漸地降
低調味。

視年齡或健康狀況等而定，不過，可以狗狗
頭部大小為大致基準，頭部大小的80～90％
就是非常適當的份量。建議仔細觀察狗狗的
排便量或體重等，調節狗狗一天的攝取熱量
或份量，慢慢地調整為最均衡的份量。

使用食材
該切成多大塊呢？

可以使用
加工食品嗎？

除必須磨碎的食材外，建議以一般顆粒狀市
售狗糧大小為大致基準。擔心狗狗整個吞下
後噎到喉嚨時，建議將食材切小塊一點再煮
給狗狗吃吧！

火腿或香腸等加工食品以加鹽產品佔絕大多
數，最好避免使用加工食品以免狗狗攝取過
多的鹽份。使用罐頭等加工食品時，務必仔
細確認內容，避免選用鹽份添加量太高的產
品。

應避免給狗狗吃的食材

人們平常可以安安心心地吃，給狗狗吃了之後造成傷害的情形多到令人意想不到，其中不乏狗狗吃下肚後引發中毒症狀或陷入休克狀態的食材，因此，飼主們餵狗狗吃東西時都必須很謹慎，本單元中列舉的都是應避免給狗狗吃或餵狗狗吃時必須留意的食材。

> ### 應避免
> ### 給狗狗吃的食材
>
> ！……特別危險的食材

！ 蔥類（洋蔥、青蔥、韭菜、大蒜等）

含破壞紅血球成分，易引發血尿、腹瀉、嘔吐或發燒等症狀。該成分無法加熱分解，故，連煮汁都需嚴禁。

葡萄、葡萄乾

易引發中毒症狀，導致腎臟功能異常，尤其是葡萄皮，絕對禁止給狗狗吃。

含木糖醇的口香糖等

吃到極少量木糖醇就可能出現血糖值過低或引發嘔吐、肝臟功能異常等症狀。

辛香料

易因胃腸受到刺激而引發腹瀉等症狀。消化吸收過程中易造成肝臟或腎臟之負擔。

加熱過的雞骨頭

雞骨頭加熱後可能縱向裂開呈銳利形狀，引發刺傷喉嚨或消化器官等危險性。

番茄或茄子的蒂頭、馬鈴薯的芽點

易因龍葵鹼成分而引發中毒。馬鈴薯皮轉變成綠色的部分必須確實切除。

❖ 生活周遭有些植物對狗狗來說也很危險！ ❖

散步途中接觸到的植物或家裡擺放的觀葉植物中不乏對狗狗而言具毒性，可能引發腹瀉、嘔吐、痙攣等症狀，甚至導致死亡，絕對不能讓狗狗吃到的植物。

常春藤（葉）
聖誕紅（莖部乳汁、葉）
水芋（莖、葉）
夾竹桃（樹皮、根、葉、莖）
菖蒲（根、莖）
紫丁香（花、葉）
水仙（根部最危險）等

必須留意的食材

章魚、墨魚等軟體動物，蝦蟹等甲殼類

章魚或墨魚等不易消化，引發腹瀉或嘔吐症狀，噎到喉嚨或引發食物過敏情形也很常見。

菠菜

草酸鈣為尿路結石之主因。燙煮後調理即可降低草酸含量。

生的豆類或堅果類

不易消化，直接給狗狗吃易噎到喉嚨或引發腹瀉、嘔吐等症狀。

巧克力、可可

含可可鹼成分，可能引發嘔吐、腹瀉、發燒症狀，或導致痙攣發作、引發休克症狀。

咖啡、紅茶或綠茶等

含咖啡因成分，可能引發腹瀉、嘔吐、體溫調節不良、多尿、尿失禁、癲癇等症狀。

生的蛋白

含素稱「抗生物素蛋白」的酵素，易導致皮膚炎、成長不良症狀（加熱調理過就沒問題）。

砂糖

可能引發維生素 B₁ 或鈣質缺乏症狀。攝取過量為肥胖之主因。

鎂的含量高的食品

鎂成分攝取過量可能引發尿路疾病，對腎臟或心臟造成負擔。

鹽份高的食品

易對腎臟或心臟造成負擔，給狗狗吃加工食品時需留意鹽份含量。

內臟

維生素 A、D 攝取過量時易因鈣濃度上升而導致鈣化或骨骼變形。

酒精

易引發嘔吐、腹瀉或意識障礙，大量攝取可能衍生致命問題，易造成內臟負擔，少量攝取還是得提高警覺。

生的魚

易因維生素 B₁（硫胺素）分解酵素而引發急性麻痺等症狀（加熱調理過就沒問題）

生的肉

吃下含菌量高的食物後導致身體不適的可能性升高，因此必須給狗狗吃新鮮的食物。

鮮奶

狗狗體內缺乏「乳糖酵素」，無法分解乳糖，喝鮮奶易引發腹瀉。

調理「手作狗食」前

調理「手作狗食」前，基本上必須和烹調人們的餐點一樣，先完成食材的前處理作業。為體型比人類小的狗狗調理食物時，食材中所含有害物質之影響更大。必須配合狗狗的消化能力，調節食材的大小。

食材的前處理作業

自古流傳下來的觀念，蔬菜的前處理作業具備清除有害物質、將食材處理得更美味等多重意義。為了愛犬的健康著想，建議多花點心思處理食材。

為了避免受到「丙烯醯胺」有害物質之影響，使用馬鈴薯（或蕃薯）時必須不斷地換水浸泡到完全不會出現白濁狀態後才調理。

牛蒡泡水過度會溶出多酚，切好後直接調理也OK。不喜歡牛蒡特有味道時，建議微微地泡掉味道。

觸摸芋頭或山藥後手就會發癢，該成分為草酸鈣，易引發結石。建議用水沖掉黏液。

切割食材

消化能力因狗狗而不同，使用食材大小也必須隨著改變。觀察排便情形後切成適當的大小吧！

切蔬菜等食材時，必須充分考量狗狗的消化能力，建議以狗狗吃的市售狗糧顆粒大小為大致基準。

觀察排便情形，切成市售狗糧顆粒大小，調理後剩下食材時，可切成粗末後給狗狗吃吃看。

先切成粗粒，發現便中殘留食材時，才利用研磨器具或果菜機等調理工具磨碎後才給狗狗吃吧！

食材的調理法

手作狗食容易偏向於「蒸煮」、「燙煮」等感覺比較健康的調理方式，不妨偶而納入需要用油的調理方式以提升適口性、變換出更多的口味。

蒸

最推薦的調理法。養分不流失，味道更濃縮。覺得蒸煮器太麻煩時，那就用更方便的塔吉鍋吧！

煮

食材煮熟後更軟、更好消化，份量更少，更方便狗狗吃，且養分完全溶入湯裡，湯和料可以一起給狗狗吃。

炒

以少量食用油拌炒過而大幅提昇適口性。食材的脂肪含量較低時，建議採用這種調理方式，但需避免食材炒焦掉。

炒煮

食材拌炒過後加入冷水或熱水，採用炒煮方式即可讓狗狗更充分地攝取水溶性或脂溶性維生素。

燙煮

澀味較重的蔬菜或纖維較多的食材建議先燙煮、再調理，因為處理後食材更柔軟好吃、更易消化。

油炸

靠油提昇適口性，黃綠色蔬菜等油炸後味道更鮮甜，更好消化吸收。建議偶而採用以避免狗狗攝取過多油脂成分的調理法。

煎

煎過後才給狗狗吃即可調理出更多的口味。焦掉後易產生氧化物質，千萬不能煎焦掉喔！

❖ 給狗狗吃生肉時的注意事項 ❖

給狗狗吃鮮度太低的生肉時易導致腸胃不適或必須冒細菌中毒之風險。持續餵食不新鮮的食物，可能導致狗狗體內無法形成抗體（食物過敏）。細菌通常附著在食材表面，因此，肉品表面煎過後即可降低細菌感染之風險。

可將食材調理得更方便狗狗吃創意做法

除前頁介紹的調理方式外，多花一些功夫，即可迅速地變換出更賞心悅目的餐點。使用比較不方便狗狗吃的食材時，採用起來最方便。飼主若能多學幾種調理方法，就不會因為缺乏變化而感到興趣缺缺，可更持續地、更充分地享受手作狗食之樂趣。

「包入」食材

可將各種食材包在一起，外出時更方便，像幫狗狗帶便當，還可避免食材乾掉，完全鎖住食材的鮮甜味道，實在是好處多多。亦可以薄煎餅或汆燙過的大白菜葉包入食材，捲成高麗菜捲形狀。

「捲入」食材

優點為給毛較長的狗狗吃也不怕弄髒嘴巴四周。使用納豆等黏黏滑滑的食材或有顏色的食材時更方便。建議利用海苔捲成海苔捲風或利用糯米紙捲成春捲的樣子。

「撒在」食材上

希望日常餐點調理得更有特色時，撒上少許其他配料即可處理得更香濃，大幅提昇狗狗的適口性。撒上芝麻或綠海苔粉等不打算給狗狗吃太多，卻希望狗狗攝取後能補充一點營養素時，使用起來最方便。

食材勾芡「增添濃稠潤口度」

增添濃稠潤口度時通常使用太白粉，使用具滋補強身效果的葛粉即可將狗食調理得更營養。狗狗生病或年紀太大，必須飼主餵食才能吃飯時採用，即可將食物調理得更濃稠、更方便餵食，狗狗吃起來也更潤口。

肉類和魚類

食材大全

Meat and Fish

牛

富含蛋白質成分，據說該成分的吸收效果高於植物性蛋白質，攝取後有助於增進抵抗力，以及蛋白質來源食物中必須胺基酸等胺基酸成分最均衡的食材。脂肪、血基質鐵、維生素Ｂ群或鋅等礦物質含量也非常豐富，建議和維生素Ｃ一起攝取以促進鐵質吸收。為了降低寄生蟲感染風險，請使用加熱至60℃以上或經－10℃以下並經10日以上時間冷凍過的牛肉。

牛的各部位名稱

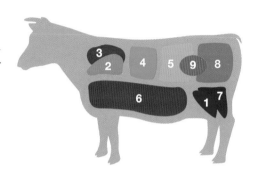

❶ 牛腿肉
❷ 牛肩肉
❸ 牛肩里肌
❹ 牛肋里肌
❺ 沙朗
❻ 牛五花肉
❼ 外側後腿肉
❽ 牛臀肉
❾ 牛腓力

牛腿肉

脂肪含量最低、吃了最健康的部位
飼主們也一起享用吧！

通稱「牛腿肉」的牛內側大腿肉富含維生素（B_1、B_2、B_6）或蛋白質成分，大部分為瘦肉，脂肪含量最低，吃起來最健康，據說是恢復疲勞或預防動脈硬化等效果絕佳的部位。其次，菸鹼酸成分也相當豐富，因此也推薦給希望維護皮膚健康的狗狗吃。牛腿肉中肉質最好的部分適合調理成嫩煎牛排或烤牛排等，因此是既可用於烹調飼主餐點，狗狗也可一起享用的食材。

常見的薄切牛腿肉片可捲入其他食材後調理，自由自在地變換各種吃法。相對地，切成肉塊時肉質較硬適合燉煮。牛腿肉特徵高蛋白質、低熱量，可說是非常容易組合成菜單的食材。

食材資訊（每 10g）

熱量：19.1kcal
主要營養成分：蛋白質2.07g、脂肪1.07g、碳水化合物0.06g
※和牛肉、瘦肉、生鮮　產季：全年

牛肩肉

脂肪含量低，富含維生素 B_{12}，預防惡性貧血效果絕佳。適合切斷硬筋後燉煮等，難能可貴的好食材。

食材資訊（每 10g）

熱量：20.1kcal
主要營養成分：蛋白質2.02g、脂肪1.22g、碳水化合物0.03g ※和牛肉、瘦肉、生鮮　產季：全年

牛肩里肌

肉質稍硬，脂肪含量高，富含維生素A、E，優質熱量來源，切小塊時適合炒菜，切薄片時適合放入熱水裡迅速汆燙後享用。

食材資訊（每 10g）

熱量：31.6kcal
主要營養成分：蛋白質1.65g、脂肪2.61g、碳水化合物0.02g ※和牛肉、瘦肉、生鮮　產季：全年

牛肋里肌

脂肪易形成霜降狀態的部位，血基質鐵含量最豐富，建議選購脂肪含量低，肉質緊實的肉品。

食材資訊（每 10g）

熱量：33.1kcal
主要營養成分：蛋白質1.68g、脂肪2.75g、碳水化合物0.03g ※和牛肉、瘦肉、生鮮　產季：全年

沙朗

脂肪含量高，肉質比較軟嫩的部位，富含優良蛋白質，具備形成血液或體液、維持身體運作等作用，缺點為容易攝取過多的熱量。

食材資訊（每 10g）

熱量：31.7kcal
主要營養成分：蛋白質1.71g、脂肪2.58g、碳水化合物0.04g ※和牛肉、瘦肉、生鮮　產季：全年

牛五花肉

肥瘦相間，肉質較硬，牛肉中脂肪含量最高的部位，熱量較高，依據各週的營養均衡狀況適度地給狗狗吃吧！

食材資訊（每 10g）

熱量：51.7kcal
主要營養成分：蛋白質1.1g、脂肪5g、碳水化合物0.01g ※和牛肉、瘦肉、生鮮　產季：全年

外側後腿肉

通常為瘦肉，顏色較深，脂肪含量非常低，肉質稍硬。富含蛋白質、鐵質、維生素（B_1、B_2），任何調理方式都適用。

食材資訊（每 10g）

熱量：17.2kcal
主要營養成分：蛋白質2.07g、脂肪0.87g、碳水化合物0.06g ※和牛肉、瘦肉、生鮮　產季：全年

牛臀肉

脂肪含量低，蛋白質含量高的瘦肉，預防貧血或老化的效果非常好。

食材資訊（每 10g）

熱量：21.1kcal　主要營養成分：蛋白質1.92g、脂肪1.36g、碳水化合物0.05g ※和牛肉、瘦肉、生鮮　產季：全年

牛腓力

高蛋白質、低脂肪，富含鐵質、維生素（B_1、B_2、B_6、B_{12}）等成分，營養價值非常高的部位。

食材資訊（每 10g）

熱量：22.3kcal　主要營養成分：蛋白質1.91g、脂肪1.5g、碳水化合物0.03g ※和牛肉、瘦肉、生鮮　產季：全年

牛絞肉

選購全瘦牛絞肉時，熱量約可降低五成、脂肪攝取量則可降低至三成。

食材資訊（每 10g）

熱量：22.4kcal　主要營養成分：蛋白質1.9g、脂肪1.51g、碳水化合物0.05g ※生鮮　產季：全年

豬

豬肉是肉類中維生素B_1（被譽為「恢復疲勞的維生素」）含量最高，富含維生素A、E、B_2且成分非常均衡，可將細胞維持在最年輕狀態，並於打造強健身體時提供最佳支援的物質。其次，除含具備活化腦部機能的維生素B_{12}外，亦含泛酸、生物素等成分，營養價值非常高的肉品，因此特別推薦給夏季期間容易中暑的狗狗吃。但，為避免攝取過量或不足等情形之發生，除調理方法外，對於給狗狗吃的份量或部位也必須留意。

豬的各部位名稱

❶ 後腿肉
❷ 肩胛肉
❸ 豬肩里肌
❹ 大里肌
❺ 五花肉
❻ 外側後腿肉
❼ 小里肌

後腿肉

營養價值高，價格經濟實惠
貧血或恢復疲勞等效果非常好的部位

位於豬腳上方，連接腰部，包含內側後腿肉和蹄膀部位的肉塊，屬於運動量較大的部位，因此肉質稍硬，脂肪含量低，大多為瘦肉。特徵為後腿肉的鮮甜成分高居各部位的之首。富含鐵質、維生素B_1成分，據說貧血或恢復疲勞效果非常好。其次，優良蛋白質、菸鹼酸、維生素B_6等成分也相當豐富，可說是分解醣類、降低膽固醇、分解蛋白質成分的重要部位。

任何調理方式都適用，但，過度加熱的話肉質容易變硬，因此建議剁碎等多費點心思調理後才給狗狗吃。此外，後腿肉屬於價格比較便宜的部位，非常適合用於調理狗狗的食物，手作狗食時建議積極採用的食材。

食材資訊（每10g）

熱量：12.8kcal
主要營養成分：蛋白質2.21g、脂肪0.36g、碳水化合物0.02g
※大型種肉、瘦肉、生鮮　產季：全年

肩胛肉

維生素 B₂ 含量高，推薦給成長期狗狗吃
肉質較硬，因此建議從調理方式下功夫

包括豬肩里肌和前肢，活動量較大的部位，特徵為筋較多、肉較硬。顏色比較深。成長期不可或缺的B₂含量僅次於小里肌的部位。肥瘦適中，脂肪均勻分布，味道也相當鮮甜。屬於肉質較硬的部位，調理訣竅為切斷硬筋或燉煮得非常軟爛後才起鍋。

食材資訊（每10g）

熱量：12.5kcal
主要營養成分：蛋白質2.09g、脂肪0.38g、碳水化合物0.02g　※大型種肉、瘦肉、生鮮　產季：全年

豬肩里肌

瘦肉之中夾雜粗網狀脂肪的部位。切成厚片或薄片即可調理得更軟嫩。蛋白質、鐵質、鋅、菸鹼酸成分都非常豐富。

食材資訊（每10g）

熱量：15.7kcal　主要營養成分：蛋白質1.97g、脂肪0.78g、碳水化合物0.01g　※大型種肉、瘦肉、生鮮　產季：全年

大里肌肉

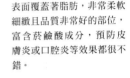

表面覆蓋著脂肪，非常柔軟細緻且品質非常好的部位，富含菸鹼酸成分，預防皮膚炎或口腔炎等效果都很不錯。

食材資訊（每10g）

熱量：15kcal　主要營養成分：蛋白質2.27g、脂肪0.56g、碳水化合物0.03g　※大型種肉、瘦肉、生鮮　產季：全年

五花肉

肥瘦相間，別名「三層肉」，維生素A、E最豐富，具備增強體力、打造健康皮膚等效果，脂肪含量高，攝取時需留意。

食材資訊（每10g）

熱量：38.6kcal　主要營養成分：蛋白質1.42g、脂肪3.46g、碳水化合物0.01g　※大型種肉、肥瘦適中、生鮮　產季：全年

外側後腿肉

脂肪含量低，肉質粗硬，適合切成薄片後捲上其他食材或切成塊狀紅燒燉煮，富含蛋白質、維生素B₁等成分。

食材資訊（每10g）

熱量：14.3kcal　主要營養成分：蛋白質2.14g、脂肪0.55g、碳水化合物0.02g　※大型種肉、瘦肉、生鮮　產季：全年

小里肌

豬肉中脂肪成分最低的部位，富含蛋白質、鐵質、維生素（B₁、B₂），具備增強體力、預防貧血、恢復疲勞等效果。

食材資訊（每10g）

熱量：11.5kcal　主要營養成分：蛋白質2.28g、脂肪0.19g、碳水化合物0.02g　※大型種肉、瘦肉、生鮮　產季：全年

豬絞肉

通常以前胸肉和腳脛肉絞成，脂肪含量高。蛋白質、維生素B₁含量高，缺點為不容易保鮮，購買後最好及早調理。

食材資訊（每10g）

熱量：22.1kcal
主要營養成分：蛋白質1.86g、脂肪1.51g、碳水化合物0g　※生鮮　產季：全年

雞、蛋

含優良蛋白質成分，必須胺基酸含量高於牛肉或豬肉，建議給生病後希望早日恢復體力的狗狗吃。脂肪含量僅牛肉或豬肉的二分之一左右，富含不飽和脂肪酸成分，攝取後有助於降低膽固醇，可放心地享用，不必擔心罹患生活習慣病的食材。其次，維生素A含量也相當高，對於需要強化皮膚或粘膜的狗狗而言效果非常好，但因磷的含量也相當高而不適宜經常給狗狗吃。

雞的各部位名稱

❶ 雞胸肉
❷ 雞翅膀
❸ 雞腿肉
❹ 雞里肌肉

雞胸肉

脂肪含量低，肉質軟嫩
但，給過敏體質的狗狗吃時需特別留意

雞隻的胸部肌肉，特徵為味道清淡、脂肪含量低。肉質軟嫩，任何調理方式都適用。

富含菸鹼酸或花生四烯酸成分，適合春季期間採用，具備促進新陳代謝作用，狗狗吃了更活潑，還可提昇免疫力。所含菸鹼酸據說預防口腔炎或神經性腸胃炎效果非常好。花生四烯酸有助於調節免疫系統或神經系統功能，是預防疾病或改善體質效果都相當值得期待的成分。狗狗體內無法合成花生四烯酸，必須從食物中攝取，關於這一點，給狗狗吃雞肉效果最好。不過，據相關研究結果顯示，攝取含花生四烯酸成分的物質，可能致使發炎症狀更加惡化，和過敏息息相關，因此，給有過敏體質的狗狗吃時必須特別留意。

食材資訊（每 10g）
熱量：10.8kcal
主要營養成分：蛋白質2.23g、脂肪0.15g、碳水化合物0g　※嫩雞、去皮、生鮮
產季：全年

雞蛋

富含所有營養成分的優良食材
推薦給希望皮膚更健康的狗狗吃

富含良質動物性蛋白質成分，據說對於肝臟功能障礙、身體虛冷、虛弱、病後體力不繼等狀況都非常有效。必須胺基酸含量相當均衡，維生素（A、D、B_1、B_2等）或鈣、鐵等礦物質成分，以及蛋氨酸成分都非常豐富，但不含維生素C和纖維質，最好和富含維生素C的蔬菜等一起攝取。蛋白部分必須加熱調理。其次，雞蛋的消化時間因調理方式而不同，處理成最容易消化的半熟狀態，最不會造成胃部負擔。此外，蛋黃部分含被稱之為「皮膚維生素」的生物素（維生素H），可說是最適合用於維護皮膚或毛皮健康的食材。

食材資訊（每10g）

熱量：15.1kcal
主要營養成分：蛋白質1.23g、脂肪1.03g、碳水化合物0.03g　※全蛋、生鮮
產季：全年

雞翅膀

富含膠質或脂肪，以及具皮膚潤澤作用的膠原蛋白、具恢復疲勞效果的維生素A、具降低軟骨磨損等作用的葡萄糖胺。

食材資訊（每10g）

熱量：21.1kcal　主要營養成分：蛋白質1.75g、脂肪1.46g、碳水化合物0g　※嫩雞肉、帶皮、生鮮　產季：全年

雞腿肉

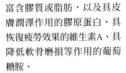

鐵質或鈣質成分豐富，有助於形成血液。其次，具備促進脂肪代謝作用的維生素B_6含量也相當豐富，和蔬菜一起攝取效果更好。

食材資訊（每10g）

熱量：11.6kcal　主要營養成分：蛋白質1.88g、脂肪0.39g、碳水化合物0g　※嫩雞肉、去皮、生鮮　產季：全年

雞里肌肉

蛋白質含量高，熱量低，但因磷的含量也高，應避免經常給狗狗吃或攝取過量。

食材資訊（每10g）

熱量：10.5kcal　主要營養成分：蛋白質2.3g、脂肪0.08g、碳水化合物0g　※嫩雞肉、生鮮　產季：全年

雞絞肉

蛋白質含量高，容易消化，但因容易腐壞，購買後最好馬上用完。

食材資訊（每10g）

熱量：16.6kcal　主要營養成分：蛋白質2.09g、脂肪0.83g、碳水化合物0g　※生鮮　產季：全年

鵪鶉蛋

維生素B_2、銅、鐵含量高，但嚴禁攝取過量。蛋白必須確實加熱。

食材資訊（每10g）

熱量：17.9kcal　主要營養成分：蛋白質1.26g、脂肪1.31g、碳水化合物0.03g　※全蛋、生鮮　產季：全年

牛、豬的副產物

相當於牛或豬的內臟部位。超市或生活周邊的一般流通管道無法穩定地提供，因此，消費者很難買到新鮮的產品，更困難之處為不易維持鮮度。另一個特徵為有季節性，冬季期間常見用於「煮內臟料理」的小腸或大腸等部位，夏季期間廣為烤肉攤使用，常見內臟部位如tongue（牛舌）、liver（牛肝）、hearts（牛心）、himo（小腸）[※1]、sima腸（大腸）[※2]等。

牛

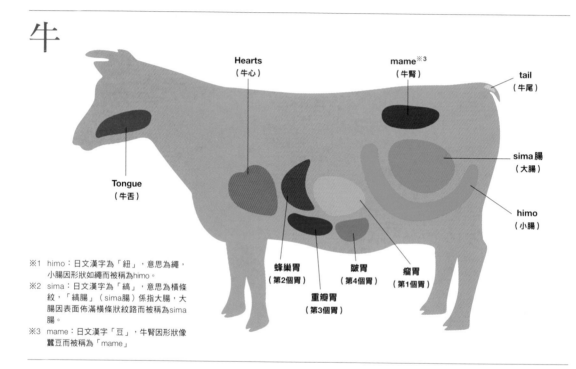

Hearts（牛心）
mame[※3]（牛腎）
tail（牛尾）
Tongue（牛舌）
sima 腸（大腸）
himo（小腸）
蜂巢胃（第2個胃）
重瓣胃（第3個胃）
皺胃（第4個胃）
瘤胃（第1個胃）

※1 himo：日文漢字為「紐」，意思為繩，小腸因形狀如繩而被稱為himo。
※2 sima：日文漢字為「縞」，意思為橫條紋，「縞腸」（sima腸）係指大腸，大腸因表面佈滿條狀紋路而被稱為sima腸。
※3 mame：日文漢字「豆」，牛腎因形狀像蠶豆而被稱為「mame」

tongue（牛舌）
食材資訊（每10g）
熱量：26.9kcal 主要營養成分：蛋白質1.52g、脂肪2.17g、碳水化合物0.01g ※生鮮 產季：全年

hearts（牛心）
食材資訊（每10g）
熱量：14.2kcal 主要營養成分：蛋白質1.65g、脂肪0.76g、碳水化合物0.01g ※生鮮 產季：全年

mame（牛腎）
食材資訊（每10g）
熱量：13.1kcal 主要營養成分：蛋白質1.67g、脂肪0.64g、碳水化合物0.02g ※生鮮 產季：全年

瘤胃（第1個胃）
食材資訊（每10g）
熱量：18.2kcal 主要營養成分：蛋白質2.45g、脂肪0.84g、碳水化合物0g ※燙煮後 產季：全年

蜂巢胃（第2個胃）
食材資訊（每10g）
熱量：20kcal 主要營養成分：蛋白質1.24g、脂肪1.57g、碳水化合物0g ※燙煮後 產季：全年

重瓣胃（第3個胃）
食材資訊（每10g）
熱量：6.2kcal 主要營養成分：蛋白質1.17g、脂肪0.13g、碳水化合物0g ※生鮮 產季：全年

皺胃（第4個胃）
食材資訊（每10g）
熱量：32.9kcal 主要營養成分：蛋白質1.11g、脂肪3g、碳水化合物0g ※燙煮後 產季：全年

himo（小腸）
食材資訊（每10g）
熱量：28.7kcal 主要營養成分：蛋白質0.99g、脂肪2.61g、碳水化合物0g ※生鮮 產季：全年

sima腸（大腸）
食材資訊（每10g）
熱量：16.2kcal 主要營養成分：蛋白質0.93g、脂肪1.3g、碳水化合物0g ※生鮮 產季：全年

tail（牛尾）
食材資訊（每10g）
熱量：49.2kcal 主要營養成分：蛋白質1.16g、脂肪4.71g、碳水化合物Tr ※生鮮 產季：全年

※「Tr」代表分析結果屬於微量範圍或因小數點進位結果變成零。

豬

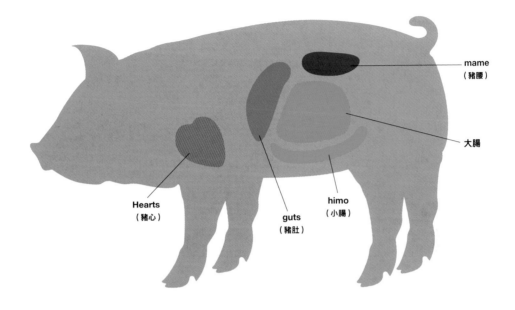

mame
（豬腰）

大腸

Hearts
（豬心）

guts
（豬肚）

himo
（小腸）

Hearts（豬心）
食材資訊（每10g）
熱量：13.5kcal　主要營養成分：蛋白質1.62g、脂肪
0.7g、碳水化合物0.01g　※生鮮　產季：全年

mame（豬腰）
食材資訊（每10g）
熱量：11.4kcal　主要營養成分：蛋白質1.41g、脂肪
0.58g、碳水化合物Tr　※生鮮　產季：全年

guts（豬肚）
食材資訊（每10g）
熱量：12.1kcal　主要營養成分：蛋白質1.74g、脂
肪0.51g、碳水化合物0g　※燙熟　產季：全年

Himo（豬小腸）
食材資訊（每10g）
熱量：17.1kcal　主要營養成分：蛋白質1.4g、脂肪
1.19g、碳水化合物0g　※燙熟　產季：全年

大腸
食材資訊（每10g）
熱量：17.9kcal　主要營養成分：蛋白質1.17g、脂肪
1.38g、碳水化合物0g　※燙熟　產季：全年

給狗狗吃副產物時的四個注意事項

1. 必須新鮮。常溫狀態下腐壞速度非常快，難以保存。給狗狗吃不夠新鮮、不夠衛生
   的副產物時，引發細菌性中毒的風險就非常高。

2. 避免狗狗攝取過量。內臟部位的膽固醇含量通常都非常高，攝取過量時易因中性脂
   肪攀升而引發高脂血症。肝臟部位的維生素A、D含量都高，易導致攝取過量，無
   論頻率或份量都不能超過限度。

3. 不以副產物為狗狗補充蛋白質成分。攝取過量時易導致營養不均衡，因此，給狗狗
   吃副產品時應以少量為宜，且其他肉類也必須減量。

4. 必須安全。副產物係以內臟為主，因此，相較於狗狗平常吃的肉品，更容易受到動
   物飼養狀況之影響，購買時必須針對該活體是否使用過藥物或罹患過疾病等，確定
   該內臟的來源。

新奇蛋白質

專給有食物過敏症狀的狗狗吃的蛋白質。食物的成分（主要為蛋白質）對於生物體原本為無害物質，但因免疫系統誤判，對該成分產生抗體而引發炎症反應，這就是出現過敏症狀之原理。以未曾吃過的嶄新蛋白質為食材，處理到完全不會引發過敏症狀的蛋白質就可以歸類為新奇蛋白質。

合鴨肉[※1]

※1 合鴨——家鴨和野鴨交配後產生的混種鴨。

確實排除壞膽固醇
促進成長，孕育新細胞

合鴨靠體溫就能輕易地融解脂肪，因此體內的脂肪不會凝固。其次，α-次亞麻油酸、亞麻油酸等有助於降低壞膽固醇的必須脂肪酸含量都比其他肉類高，對於過敏體質的狗狗而言，據說都是非常好的成分。合鴨肉中亦含B群或鐵質成分，其中以維生素B_2含量最高，攝取後有助於促進成長，增進皮膚、爪子或細胞之功能。

食材資訊（每 10g）
熱量：33.3kcal　主要營養成分：蛋白質1.42g、脂肪2.9g、碳水化合物0.01g
※肉、帶皮、生鮮　產季：秋～冬

山豬肉

山豬為家豬的原種，營養價值卻高於家豬
因食用後不易形成中性脂肪而推薦採用

別名牡丹肉。山豬為家豬的原種，山豬肉的蛋白質含量和一般豬肉一樣，但，熱量和脂肪含量都比較低，頗符合健康概念。山豬肉的維生素B_2、B_{12}含量高於一般豬肉，更重要的是山豬肉的脂肪比其他豬肉更不容易形成中性脂肪。山豬肉為預防貧血或血栓、溫熱身體、抗氧化等效果俱佳的食材。

食材資訊（每 10g）
熱量：26.8kcal　主要營養成分：蛋白質1.88g、脂肪1.98g、碳水化合物0.05g
※肉、肥瘦適中、生鮮　產季：冬

兔肉

高蛋白質、低熱量、不易過敏的肉品
食用後有助於提昇抗氧化效果

日本人比較不熟悉的肉品，法國料理等常見的食材。味道清淡如雞肉，肉質緊實，比較不會引發過敏症狀的食材，兼具高蛋白質、低熱量、低脂肪、低膽固醇等諸多優點，以維生素B_{12}為首，營養價值非常高。此外，兔肉中所含胜肽縮氨酸（通稱肌肽）據說具備抗氧化、防止老化等作用。

食材資訊（每 10g）
熱量：14.6kcal　主要營養成分：蛋白質2.05g、脂肪0.63g、碳水化合物Tr　※肉、瘦肉、生鮮　產季：冬

馬肉

**高齡犬應更積極地攝取
富含必須胺基酸的珍貴食材**

高蛋白質、低脂肪、低熱量、低膽固醇、不易引發過敏的肉品。必須脂肪酸的亞麻油酸、α-次亞麻油酸、油酸等不飽和脂肪酸含量非常均衡。增強體力、改善貧血、消除活性氧、減重、提振肝功能等效果都值得期待，建議積極地給高齡犬吃的食材。

食材資訊（每10g）
熱量：11kcal　主要營養成分：蛋白質2.01g、脂肪0.25g、碳水化合物0.03g ※肉、瘦肉、生鮮　產季：全年

鹿肉

**營養非常均衡、可以吃得很健康的肉品
貧血、高血壓等改善效果深得期待**

高蛋白質、低脂肪、低熱量、低膽固醇、不易引發過敏的肉品。維生素B_{12}、鐵、銅含量都豐富，胺基酸和礦物質的含量均衡度絕妙，以肉色鮮紅，味道淡雅為主要特徵。維生素（B_1、B_2）、菸鹼酸含量也相當高，因預防肥胖、貧血、高血壓、糖尿病等效果，以及滋補強身、潤澤毛髮等效果而廣受矚目。

食材資訊（每10g）
熱量：11kcal　主要營養成分：蛋白質2.23g、脂肪0.15g、碳水化合物0.05g ※肉、瘦肉、生鮮　產季：秋

羊肉（羔羊）

**富含各種必須胺基酸成分的優良蛋白質來源
具溫熱身體、強健身體等作用**

羔羊稱lamb、成羊稱mutton。蛋白質、維生素B_2鐵質含量高，富含各種必須胺基酸的優良蛋白質來源，同時也是改善虛弱體質、溫熱身體、造血作用、降低膽固醇、促進體脂肪燃燒、改善腹瀉症狀等效果絕佳，有助於打造健康身體的卓越食材。

食材資訊（每10g）
熱量：21.7kcal　主要營養成分：蛋白質1.9g、脂肪1.44g、碳水化合物0.02g ※綿羊、羊腿、脂肪較多、生鮮　產季：全年

其他新奇蛋白質

**狗狗吃鴨肉或火雞肉有助於維護毛皮健康，
袋鼠肉或鴕鳥肉則適合減重期間的狗狗吃。**

有助於改善皮膚問題的新奇蛋白質為鴨肉和火雞肉。鴨肉除具備維護皮膚功能，改善問題皮膚等作用外，據說抑制癌症或強化血管等效果也都很不錯。其次，火雞肉亦具備維護皮膚健康以及調節爪子、毛皮狀況等作用。此外，最具代表性的高蛋白質、低脂肪肉品為袋鼠肉和鴕鳥肉。袋鼠的共軛亞麻油酸含量最豐富，預防動脈硬化或肥胖效果最好。鴕鳥肉為質地軟嫩的瘦肉，營養價值好到被稱之為「蔬菜肉」，是具備降低膽固醇，最適合減重或成長期間的狗狗吃。

肉類和蛋類食譜

本單元中將利用牛、豬、雞、蛋等最容易取得的食材，介紹一餐就能攝取到三大營養素的食譜。食譜中廣泛納入「手作狗食」時更應留意的熱量、蛋白質，以及可做為營養均衡大致基準的黑、白、綠、黃、紅五色食材，以最有變化的調理手法，烹調狗狗最愛吃的肉類食物。

※材料係以S（5kg）、M（10kg）、L（15kg）成犬一餐份為基準。

豆漿涮涮鍋

S 201kcal　M 334kcal　L 467kcal

可從牛腿肉、豆漿攝取蛋白質和脂肪成分，從冬粉攝取碳水化合物的食譜。充滿健康概念，調一下味道飼主就可以一起享用，可說是一餐就能攝取到理想熱量的菜單。

■材料（1餐份）

	S	M	L
薄切牛腿肉片	40g	70g	100g
豆漿	100mℓ	150mℓ	200mℓ
冬粉	45g	75g	100g
金針菇	20g	30g	40g
青江菜	25g	35g	45g
裙帶菜	25g	35g	45g
白蘿蔔	10g	15g	20g
胡蘿蔔	10g	15g	20g
高湯	50mℓ	70mℓ	100mℓ

■作法（必要時間　20分）

1. 青江菜片切成一口大小，金針菇和裙帶菜也切成一口大小。
2. 冬粉煮軟，白蘿蔔和胡蘿蔔磨成泥狀。
3. 把豆漿和高湯倒入鍋裡，加熱煮成湯底。
4. 利用步驟3的湯底，涮煮薄切牛腿肉片、步驟1的青江菜、金針菇、裙帶菜及步驟2的冬粉後盛入大碗裡，再加入剩下的豆漿湯底，最後加入白蘿蔔泥和胡蘿蔔泥即可端給狗狗吃。

漢堡排

可從肉、油脂中攝取蛋白質和脂肪,從白飯、芋頭攝取碳水化合物,從蔬菜中攝取到均衡的養分。

■材料(1餐份)

	S	M	L
牛絞肉	30g	45g	60g
芋頭	30g	45g	60g
白飯	40g	60g	75g
胡蘿蔔	15g	20g	25g
白蘿蔔	15g	20g	25g
紫蘇葉	3g	5g	7g
橄欖油	1㎖	1㎖	1㎖

■作法(必要時間 25分)

1. 芋頭去皮後用冷水沖洗掉黏液,以大量熱水煮軟,趁熱搗碎。
2. 胡蘿蔔磨成泥後和牛絞肉、步驟1的芋頭一起攪拌均勻。然後捏成橢圓形肉餅,中央稍微壓凹一點。
3. 平底鍋薄薄地塗上一層橄欖油,放入步驟2的肉餅,以中火煎2分鐘,翻面後以小火再煎2分鐘,然後用牙籤戳看看,流出透明汁液即表示已經煎熟,流出紅色汁液時表示裡面還沒有完全熟透。
4. 煎好肉餅後盛盤,加上切成細絲的紫蘇葉、白蘿蔔泥,漢堡排就完成囉!利用另一個碗裝上白飯後擺在旁邊。

S 203kcal M 299kcal L 386kcal

S 190kcal M 306kcal L 419kcal

義大利肉醬麵

含蛋白質、脂肪和碳水化合物等成分,營養非常豐富,因為使用雞絞肉而降低熱量。

■材料(1餐份)

	S	M	L
雞絞肉	35g	65g	100g
義大利細麵	50g	75g	90g
蘑菇	25g	35g	45g
蘿蔔乾	5g	8g	11g
小番茄	1個	1個半	2個
鵪鶉蛋	1個	1個	1個
胡蘿蔔	15g	25g	30g
巴西里	3g	5g	7g
橄欖油	1㎖	1㎖	1㎖

■作法(必要時間 20分)

1. 蘿蔔乾用水泡開後切成粗末,蘑菇切成一口大小的片狀,小番茄也切成一口大小,胡蘿蔔磨成泥。
2. 義大利細麵折成1/4後燙熟,處理成最方便狗狗吃的長度,再利用另一個鍋子煮熟鵪鶉蛋。
3. 趁燙煮步驟2空檔,將橄欖油倒入平底鍋裡,拌炒雞絞肉、步驟1的蘿蔔乾、蘑菇、小番茄。
4. 義大利細麵燙好後盛入狗狗碗裡,再加上炒熟的步驟3,撒上切成細末的巴西里,然後將煮熟的鵪鶉蛋對切成兩半後擺在最上面。

豬排丼飯

利用經過煎烤即可大幅提昇適口性的豬肉完成適合早餐時享用，吃了就會精神百倍的美味佳餚。

■材料（1餐份）

	S	M	L
豬大里肌肉	35g	55g	75g
白飯	45g	75g	105g
甜椒（紅）	10g	15g	20g
香菇	15g	20g	25g
豆芽菜	20g	25g	30g
紫蘇葉	10g	15g	20g
白蘿蔔	15g	20g	25g
橄欖油	1ml	1ml	1ml

■作法（必要時間　20分）

1. 甜椒、香菇、豆芽菜分別切成粗末，再放入已經熱好橄欖油的平底鍋裡炒熟。
2. 將白飯、步驟1炒熟的甜椒、香菇、豆芽菜放入調理缽後一起攪拌均勻。
3. 將白蘿蔔磨成泥，紫蘇葉切成細絲。
4. 豬大里肌肉切成一口大小，利用步驟1的平底鍋炒熟。
5. 將步驟2盛入狗狗碗裡，擺好步驟4的豬大里肌肉，加上步驟3的白蘿蔔泥和紫蘇葉即完成。

S　221kcal　M　348kcal　L　480kcal

S　207kcal　M　335kcal　L　465kcal

時蔬燴豆腐肉捲

可同時攝取到動物性和植物性蛋白質的餐點，最適合運動後等需要恢復疲勞時享用。

■材料（1餐份）

	S	M	L
薄切豬腿肉片	30g	50g	80g
白飯	45g	75g	95g
板豆腐	50g	80g	110g
甜椒（黃）	20g	30g	40g
舞菇	20g	30g	40g
西生菜	25g	35g	45g
大白菜	20g	30g	40g
胡蘿蔔	10g	20g	30g
葛粉	2.5g	2.5g	2.5g
橄欖油	1ml	1ml	1ml

■作法（必要時間　25分）

1. 板豆腐去除水分，西生菜切成細絲後浸泡冷水。
2. 將步驟1的豆腐切成方便狗狗吃的長條狀，再利用薄切豬腿肉片捲成豆腐肉捲。
3. 平底鍋熱好油後煎熟步驟2的豆腐肉捲。
4. 步驟1的西生菜盛盤後擺好步驟3的豆腐肉捲。
5. 大白菜、甜椒、舞菇切成粗末後，放入煎熟步驟3的平底鍋裡，炒熟後淋上葛粉水，調好濃稠度後淋在豆腐肉捲上。
6. 將白飯和胡蘿蔔泥放入調理缽裡攪拌均勻，在豆腐肉捲旁邊套出可愛的形狀即完成。

蒸雞胸肉蔬菜沙拉

適合春～夏期間吃，添加黍米，具身體降溫效果的蔬菜沙拉。低熱量、口味極清爽的一道餐點。

■材料（1餐份）

	S	M	L
雞胸肉	40g	75g	115g
白飯	35g	60g	75g
黍米	10g	15g	20g
高麗菜	30g	40g	50g
小黃瓜	30g	40g	50g
胡蘿蔔	15g	25g	30g
亞麻仁油	1ml	1ml	1ml

■作法（必要時間 20分）

1. 雞胸肉蒸熟後用手撕成肉絲狀，小心處理別燙傷手喔！
2. 黍米放入小網杓裡沖洗乾淨後放入鍋裡炊熟。
3. 趁炊煮黍米空檔，將高麗菜和小黃瓜切成細絲。
4. 先將步驟3的高麗菜和小黃瓜鋪在盤底，再將白飯和步驟2的黍米放進調理缽裡，攪拌均勻後盛到盤子的正中央，再加上步驟1的雞胸肉絲和胡蘿蔔泥，最後淋上亞麻仁油。

S 161kcal M 272kcal L 378kcal

S 205kcal M 290kcal L 368kcal

蛋包飯

以蛋為主，脂肪成分稍微高一點，另一餐建議以脂肪成分較低的餐點均衡一下。

■材料（1餐份）

	S	M	L
雞蛋	55g（約1個）	82g（約1.5個）	110g（約2個）
白飯	40g	60g	75g
馬鈴薯	40g	50g	60g
綠花椰菜	20g	25g	30g
小番茄	2個	2個半	3個
橄欖油	1ml	1ml	1ml

■作法（必要時間 20分）

1. 綠花椰菜煮軟後切成粗末。
2. 馬鈴薯磨成泥後放入調理缽裡，打入雞蛋，加入步驟1的綠花椰菜後攪拌均勻。
3. 平底鍋加熱後轉小火，邊攪拌、邊倒入步驟2，讓蛋液裡的料均勻分布，然後加入白飯、邊塑型、邊煎到蛋液完全熟透為止。
4. 小番茄切小丁，放入步驟3的平底鍋裡微微地加熱。
5. 將步驟3的蛋包飯盛入盤裡，將步驟4的小番茄連同湯汁一起加在正中央，美味蛋包飯就完成了！

魚

魚和肉都是打造健康身體絕對不可或缺的動物性蛋白質來源食物。給狗狗吃時應儘量選用白肉魚。整體而言，白肉魚特徵為易消化，吃青背魚則可攝取到EPA、DHA等營養素，不過，有些狗狗吃了可能肚子不舒服。其次，魚類死後就會因為酵素分解而大量產生硫胺素酶，破壞硫胺素成分（維生素B_1），因此必須加熱處理，應避免給狗狗吃未煮熟（生魚片）的魚類。

鮭魚（白鮭）

抗氧化效果強勁
預防眼睛疾病或皮膚問題的好食材

被歸類為白肉魚，含DHA、EPA的優良食材，維生素（尤其是維生素D）非常豐富，亦含牛磺酸或鈣質成分，其他如維生素（A、B群、E）、鋅等含量也非常高，具備促進血液循環、抗炎症、保護皮膚、促進膽固醇代謝、強化肝臟功能以及抗氧化等作用，但須避免以鹹鮭、甘鹽鮭等過度調味的鮭魚為食材。

食材資訊（每10g）
熱量：13.3kcal
主要營養成分：蛋白質2.23g、脂肪0.41g、碳水化合物0.01g ※生鮮、切片
產季：夏

鮟鱇魚

低脂肪、低熱量、味道清淡的白肉魚，具備溫熱身體及預防皮膚、骨骼或眼睛老化等作用。肝臟為高脂肪、高熱量部位，務必留意攝取量。

食材資訊（每10g）
熱量：5.8kcal
主要營養成分：蛋白質1.3g、脂肪0.02g、碳水化合物0.03g ※生鮮、切片 產季：冬

三線雞魚

媲美嘉鱲魚的高級魚，富含鉀、蛋白質、維生素（A、D、E）或DHA，防止毛細血管老化、促進發育成長效果佳。

食材資訊（每10g）
熱量：12.7kcal
主要營養成分：蛋白質1.72g、脂肪0.57g、碳水化合物0.01g ※生鮮 產季：夏

竹梭魚（肥金梭魚）

蛋白質、鈣、維生素（B_5、B_{12}、D）等成分，緩和過敏症狀等效果值得期待，乾貨則應避免給狗狗吃。

食材資訊（每10g）
熱量：14.8kcal
主要營養成分：蛋白質1.89g、脂肪0.72g、碳水化合物0.01g ※生鮮 產季：夏～秋

鰈魚（真鰈）

含優良蛋白質的低熱量白肉魚，易消化，非常適合胃腸較弱的狗狗吃，具恢復疲勞、防止中暑等效果。

食材資訊（每10g）
熱量：9.5kcal
主要營養成分：蛋白質1.96g、脂肪0.13g、碳水化合物0.01g ※生鮮 產季：夏

沙鮻（日本沙鮻）

含優良蛋白質成分的低脂肪、低熱量白肉魚。營養豐富，亦含DHA、EPA成分，分解中性脂肪和減重效果極佳。

食材資訊（每10g）

熱量：8.5kcal
主要營養成分：蛋白質1.92g、脂肪0.04g、碳水化合物0.01g　※生鮮　產季：春～夏

白姑魚
（白口、石首魚）

高蛋白質、低脂肪、低熱量，含維生素（B₂、B₁₂、D）、菸鹼酸等成分，有助於改善過敏或皮膚炎症狀。

食材資訊（每10g）

熱量：8.3kcal
主要營養成分：蛋白質1.8g、脂肪0.08g、碳水化合物Tr　※生鮮　產季：夏

銀魚

蛋白質或脂肪含量低於其他魚類，連頭部一起吃即可攝取到礦物質來源。具強化骨骼或抗壓力等作用。

食材資訊（每10g）

熱量：7.7kcal
主要營養成分：蛋白質1.36g、脂肪0.2g、碳水化合物0.01g　※生鮮　產季：春

鱸魚

白肉魚，但魚肉部位含脂肪成分。具恢復疲勞、利尿、加速傷口癒合、提昇對疾病的抵抗力。

食材資訊（每10g）

熱量：12.3kcal
主要營養成分：蛋白質1.98g、脂肪0.42g、碳水化合物Tr　※生鮮、切片　產季：夏

鯛魚（嘉鱲魚）

高蛋白質、低脂肪、均衡的胺基酸，易消化吸收的好食材。但，礦物質含量低，建議和礦物質來源食品一起吃。

食材資訊（每10g）

熱量：19.4kcal
主要營養成分：蛋白質2.17g、脂肪1.08g、碳水化合物0.01g　※養殖、生鮮　產季：冬～春

鱈魚（太平洋鱈）

脂肪含量非常低，高蛋白質、低熱量。易消化吸收，具溫熱身體作用，健腦效果值得期待，非常適合給病中或病後的狗狗吃。

食材資訊（每10g）

熱量：7.7kcal
主要營養成分：蛋白質1.76g、脂肪0.02g、碳水化合物0.01g　※生鮮、切片　產季：冬

鱒魚

鮭魚的同類，維生素B₁、B₂、DHA、EPA及蝦紅素等含量豐富。最適合用於緩和過敏症狀或改善血液循環。

食材資訊（每10g）

熱量：16.1kcal
主要營養成分：蛋白質2.09g、脂肪0.77g、碳水化合物0.01g　※生鮮、切片　產季：春

牛尾鯥

高蛋白質、低熱量，加熱後不凝固，含維生素A、DHA、EPA等成分，擦毛皮、皮膚、粘膜保健作用。

食材資訊（每10g）

熱量：18.9kcal
主要營養成分：蛋白質1.67g、脂肪1.26g、碳水化合物Tr　※生鮮、切片　產季：冬

魚類食譜

作法超簡單的日常魚飯，廣泛納入五色食材，充分考量及營養均衡，一餐就能攝取到三大類營養成分。其中的白肉魚更是消化吸收效果絕佳，高蛋白質、低熱量食材，非常適合高齡、過敏、病中病後及手術後恢復期的狗狗吃的蛋白質來源。

※材料係以S（5kg）、M（10kg）、L（15kg）成犬一餐份為基準。

鮭魚千層飯

S　155kcal　M　278kcal　L　420kcal

鮭魚為富含DHA、EPA以及蝦紅素等營養素的優良食材。
這是一道料多味美，既適合日常吃，宴會或節慶時端出來招待客人也很受歡迎的餐點。

■材料（1餐份）

	S	M	L
鮭魚	40g	75g	115g
白飯	40g	75g	115g
青江菜	25g	35g	45g
胡蘿蔔	20g	30g	40g
高麗菜	25g	35g	45g
橄欖油	1㎖	1㎖	1㎖

■作法（必要時間　35分）

1. 青江菜和胡蘿蔔切成粗末後，放入已經熱好油的平底鍋裡炒熟。
2. 高麗菜切成細絲。
3. 將白飯和步驟1的青江菜、步驟2的高麗菜一起攪拌均勻。
4. 鮭魚燙熟、挑掉魚刺後搗碎。
5. 將步驟4的鮭魚平鋪在模型底部，上面鋪一層拌飯，然後依序鋪上鮭魚、拌飯，總共鋪四層。
6. 將模型中的步驟5扣在盤子裡，鮭魚千層飯就大功告成囉！

咖哩風煮鰈魚

鰈魚為高蛋白質、低脂肪、易消化的食材。這是一道營養豐富還可攝取到膠原蛋白,有益身體健康的餐點。

■材料(1餐份)

	S	M	L
鰈魚	40g	70g	100g
白飯	45g	75g	95g
鷹嘴豆	20g	30g	40g
南瓜	25g	30g	35g
蘆筍	20g	25g	30g
鴻禧菇	20g	25g	30g
小番茄	1個	1個半	2個
葛粉	2.5g	4g	5g
橄欖油	1mℓ	1mℓ	1mℓ

■作法(必要時間 25分)

1. 鷹嘴豆浸泡冷水一整晚,吸飽水分後煮軟。
2. 鰈魚燙熟,挑掉魚刺後,將魚肉捏碎,小心燙傷手喔!燙魚的湯汁保留備用。
3. 南瓜煮熟後壓成泥狀。綠蘆筍、鴻禧菇、小番茄分別切成一口大小,放入熱好橄欖油的平底鍋裡炒熟。
4. 將步驟1的鷹嘴豆、步驟3的南瓜、步驟2的燙魚湯汁加入步驟3的平底鍋裡,接著倒入步驟2的鰈魚,淋上葛粉水以增添濃稠潤口度。
5. 將白飯盛入狗狗的碗裡,加上步驟4濃稠湯汁即完成。

S 164kcal M 266kcal L 357kcal

S 220kcal M 348kcal L 457kcal

塔吉鍋蒸鱈魚

從魚和豆漿攝取蛋白質,從豆漿攝取脂肪成分。備有塔吉鍋,「蒸煮」菜餚更輕鬆。

■材料(1餐份)

	S	M	L
鱈魚	40g	75g	110g
白飯	45g	75g	95g
蕪菁	35g	45g	55g
蕪菁葉	15g	25g	35g
豆漿	60mℓ	75mℓ	100mℓ
昆布	5cm	7cm	9cm
巴西里	3g	5g	7g
高湯	60mℓ	75mℓ	100mℓ

■作法(必要時間 20分)

1. 塔吉鍋底先裝入少許冷水,再依序擺好昆布、白飯。
2. 蕪菁葉切成粗末。
3. 蕪菁切成一口大小的扇形片狀,擺在步驟1的白飯上。
4. 將鱈魚擺在步驟3上,然後撒上步驟2的蕪菁葉,淋上豆漿和高湯。
5. 蓋上塔吉鍋蓋,以大火加熱至冒出熱氣後轉小火悶煮。
6. 塔吉鍋裡的湯汁收乾,鱈魚煮熟後盛入狗狗的碗裡,加上巴西里即完成製作步驟。給狗狗吃的話必須挑掉鱈魚的魚刺。

精確地量秤份量

給狗狗吃市售狗糧時，通常以量杯杓出一餐的份量，手作狗食時必須每天變換不同的食材，該怎麼拿捏份量呢？為了愛犬的健康著想，千萬不能採用目測計量方式，必須更精確地量秤份量。

量秤食材的份量是為了瞭解狗狗攝取了多少熱量

手作狗食後往往不知不覺地養成靠目測方式拿捏份量的習慣。剛開始幫狗狗做飯時，使用食材最好還是分別量秤份量，以便瞭解狗狗一餐攝取多少熱量。其次，必須隨時確認狗狗的體重等增減情形以調整熱量。每天都量秤份量，久而久之自然就能輕易地拿捏大致份量，處理起來更安心。倘若碰到狗狗懷孕、生產或高齡犬，生命階段不同，攝取熱量必須隨著改變時，建議再次量秤份量吧！

未量秤份量就給狗狗吃到底會怎樣呢？

不清楚狗狗日常飲食中吃下多少熱量，當然就無法了解狗狗體重增加或減少時該怎麼改善狀況。每天都得量秤份量的確很麻煩，不過，好處是一發現狗狗稍微發胖時就能調整飲食，有效地防止愛犬養得過於肥胖，另一個好處是可避免熱量攝取不足。

善加利用便利工具

量秤食材工具如量杯、量匙、量秤等，近年來市面上還可買到更輕巧好用的數位式磅秤，甚至連數位式量匙都買得到，使用這些計量工具即可輕鬆地、迅速地量秤出非常小的單位，建議不妨善加利用這類工具。其次，一顆雞蛋〇〇g、一片魚肉〇〇g，分別記錄下常用食材的重量和熱量更方便，既省時又省事。

蔬菜和水果

食材大全

Vegetables and Fruits

葉菜類

葉菜類食材中以維生素C為首的維生素類營養素含量最豐富，菠菜是葉菜類中營養價值最高的蔬菜，但因草酸鈣的成分也很高，所以，給狗狗吃時最好堅守極少量原則。綠蘆筍、豆瓣菜、小松菜、茼蒿菜、綠花椰菜、青江菜、油菜、芝麻菜等黃綠色蔬菜所含β胡蘿蔔素具備抗氧化作用，是維護身體健康效果非常好的食材。

高麗菜

**足以見證藥草或健康食品歷史
營養價值非常高的淡色蔬菜**

營養價值高，維生素C或維生素U非常豐富的淡色蔬菜，越靠近芯部或外側葉片的維生素C含量越高。具相關研究報告顯示，古時候高麗菜被視為藥草，古羅馬視為健胃整腸的健康食材。不過，給罹患甲狀腺疾病等狗狗吃高麗菜等十字花科食材時必須請教獸醫師。

食材資訊（每10g）

熱量：2.3kcal 主要營養成分：鈣4.3mg、維生素C 4.1mg ※結球葉、生鮮 產季：春季高麗菜3～5月，夏季高麗菜7～8月，冬季高麗菜1～3月

蘆筍

富含天冬胺酸成分，具備合成蛋白質、利尿、恢復疲勞、滋補強身等作用，但不易保鮮，建議及早調理。

食材資訊（每10g）

熱量：2.2kcal 主要營養成分：鈣1.9mg、維生素A（β胡蘿蔔素）37μg、維生素C 1.5mg ※嫩莖、生鮮 產季：5～6月

白花椰菜

加熱後維生素C不易流失，各種調理方法都適用。具備清血作用，消除中性脂肪或維護血糖正常效果值得期待。

食材資訊（每10g）

熱量：2.7kcal 主要營養成分：鉀41mg、維生素B₂ 0.011mg、維生素C 8.1mg ※花序、生鮮 產季：11～3月

豆瓣菜

β胡蘿蔔素含量高居黃綠色蔬菜之首，歐洲認定具藥效，據說亦具備殺菌或解毒等效果。

食材資訊（每10g）

熱量：1.5kcal 主要營養成分：鈣11mg、維生素A（β胡蘿蔔素）270μg、維生素C 2.6mg ※莖葉、生鮮 產季：4～5月

小松菜

澀質低，不需汆燙就可調理的蔬菜。鈣質含量居黃綠色蔬菜第一位，膳食纖維含量豐富，建議多給便秘的狗狗吃。

食材資訊（每10g）

熱量：1.4kcal 主要營養成分：鈣17mg、維生素A（β胡蘿蔔素）310μg、維生素C 3.9mg ※莖葉、生鮮 產季：12～2月

茼蒿

散發特有香氣，對自律神經產生作用，有助於提昇腸胃功能，增進食慾或促進消化。有些狗狗不喜歡茼蒿的味道。

食材資訊（每10g）

熱量：2.2kcal　主要營養成分：鈣12mg、維生素A（β胡蘿蔔素）450μg、維生素C 1.9mg　※葉、生鮮　產季：11～3月

青江菜

具身體降溫作用，燙煮後維生素A成分更高，基本上需經過加熱調理。因具備防止老化和紓緩便秘等作用而推薦使用。

食材資訊（每10g）

熱量：0.9kcal　主要營養成分：維生素A（β胡蘿蔔素）200μg、維生素E 0.07mg、維生素C 2.4mg　※葉、生鮮　產季：9～1月

油菜（日本種油菜）

豐富的養分有助於提昇抵抗力，可同時攝取到維生素A、C、E等抗氧化效果絕佳的成分。

食材資訊（每10g）

熱量：3.3kcal　主要營養成分：鈣16mg、維生素A（β胡蘿蔔素）220μg、維生素C 13mg　※花芽、莖、生鮮　產季：12～3月

大白菜

特徵為越靠外側的葉片，營養價值越高。以溫熱身體的效果最知名，低熱量，被稱之為養生三寶的珍貴食材。

食材資訊（每10g）

熱量：1.4kcal　主要營養成分：鉀22mg、鈣4.3mg、維生素C 1.9mg　※結球葉、生鮮　產季：11～2月

綠花椰菜

維生素、礦物質含量非常均衡的黃綠色蔬菜模範生，具備預防生活習慣病或感冒等作用，最適合需要維護身體健康的狗狗吃。

食材資訊（每10g）

熱量：3.3kcal　主要營養成分：鉀36mg、維生素A（β胡蘿蔔素）80μg、維生素C 12mg　※花序、生鮮　產季：11～3月

西生菜

含Lactucopicrin苦味成分，略具鎮靜作用，亦具備降低體溫效果，冬季期間應盡量避免給狗狗吃太多的食材。

食材資訊（每10g）

熱量：1.2kcal　主要營養成分：鉀20mg、鈣1.9mg、維生素C 0.5mg　※結球葉、生鮮　產季：4～9月

西洋芹

古時候被當做藥材，具整腸作用，建議給需要控制膽固醇攝取量的狗狗吃。

食材資訊（每10g）

熱量：1.5kcal　主要營養成分：鉀41mg、維生素A（β胡蘿蔔素）4.4μg、維生素C 0.7mg　※葉柄、生鮮　產季：11～5月

水菜（京菜）

除維生素C成分非常豐富外，礦物質類、膳食纖維等成分的含量也非常高，具促進皮膚新陳代謝作用。

食材資訊（每10g）

熱量：2.3kcal　主要營養成分：鈣21mg、維生素A（β胡蘿蔔素）130μg、維生素C 5.5mg　※葉、生鮮　產季：11～2月

芝麻菜

相當富含維生素C、E，營養價值高，歐洲當做藥材的食材。

食材資訊（每10g）

熱量：1.9kcal　主要營養成分：維生素A（β胡蘿蔔素）360μg、維生素E 0.14mg、維生素C 6.6mg　※葉、生鮮　產季：4～7月、10～12月

根莖類

食用根部的蔬菜，產季為秋～冬，富含具抗氧化作用的維生素C、調節體內水分或心臟等部位機能的鉀、膳食纖維之類的成分。葉片的營養價值也非常高，和根部一起攝取據說營養素作用可遍及全身。不過，連同葉片存放時，易因根部養分輸往葉片而使營養價值銳減，因此，最好將根部和葉片切開後存放。必須留意的是芋薯類存放冰箱後，澱粉會變得很不容易消化。

白蘿蔔

讓狗狗吃具促進消化吸收、整腸效果的白蘿蔔泥

白蘿蔔富含素稱「澱粉酶」的消化酵素，易消化，消除胃悶、食物不振等效果非常好，可說是具備促進消化吸收的優良食材，但因澱粉酶不耐熱、易氧化，最好磨成白蘿蔔泥等，採用生鮮調理方式。白蘿蔔泥辛辣成分（異硫氰酸酯）為抗氧化效果非常強勁的成分，剛剛磨好時刺激性特別強，因此建議磨好後擺放20分鐘左右，等刺激性稍微緩和後才給狗狗吃。

其次談到蘿蔔乾，曬乾後份量銳減，養分卻更濃縮，相較於生食，吃下少量就能攝取到大量的營養成分，而且還具備排毒效果，但因礦物質含量高，應避免狗狗攝取過量。

食材資訊（每10g）

熱量：1.8kcal
主要營養成分：鉀23mg、鈣2.4mg、維生素C 1.2mg　※根、帶皮、生鮮
產季：11～3月、7～8月

蕪菁

根部的維生素C及膳食纖維含量高，亦含澱粉酶消化酵素，具促進腸胃消化吸收的功能。

食材資訊（每10g）

熱量：2kcal　主要營養成分：鉀28mg、鈣2.4mg、維生素C 1.9mg　※根、帶皮、生鮮　產季：3～5月、10～12月

牛蒡

水溶性和不溶性膳食纖維成分相當豐富，消除便秘或預防癌症效果值得期待。含菊糖成分，具調節腸道內細菌環境等效果。

食材資訊（每10g）

熱量：6.5kcal　主要營養成分：鈣4.6mg、鎂5.4mg、膳食纖維0.57g　※根、生鮮　產季：11～1月、4～5月

蕃薯

芋薯類中膳食纖維成分最豐富的食材，水分含量高達6成，攝取量不超過限度就不必擔心引發肥胖問題。用報紙包好擺在常溫狀態下保存即可。

食材資訊（每10g）

熱量：13.2kcal　主要營養成分：碳水化合物3.15g、維生素C 2.9mg、膳食纖維0.23g　※塊根、生鮮　產季：9～11月

芋頭

易消化吸收，具降低血糖或膽固醇效果，別洗掉泥巴，直接以濕潤的報紙包好，存放陰涼處。

食材資訊（每10g）

熱量：5.8kcal　主要營養成分：碳水化合物1.31g、鉀64mg、維生素B₁ 0.007mg　※球莖、生鮮產季：9～11月

馬鈴薯

相較於白飯，維生素B₁含量為3倍，熱量為1／2，吃下後血糖易升高，建議與西生菜等食材一起吃。

食材資訊（每10g）

熱量：7.6kcal　主要營養成分：碳水化合物1.76g、鉀41mg、維生素C 3.5mg　※塊莖、生鮮　產季：5～7月

生薑

營養價值低，但辛辣成分中的薑烯酚可由內而外溫熱全身，具刺激性，給狗狗吃時建議秉持偶而、少量大原則。

食材資訊（每10g）

熱量：3kcal　主要營養成分：鉀27mg、鈣1.2mg、鎂2.7mg　※根莖、生鮮　產季：6～8月

胡蘿蔔

黃綠色蔬菜中胡蘿蔔素含量高居第一位，抗氧化作用或提昇免疫力效果都值得期待。越靠外皮部位，營養越豐富。

食材資訊（每10g）

熱量：3.7kcal　主要營養成分：維生素A（α胡蘿蔔素）280µg、維生素A（β胡蘿蔔素）770µg、維生素C 0.4mg　※根、帶皮　產季：4～7月、11～12月

櫻桃蘿蔔

花青素據說具抑制活性氧、對抗體內氧化等作用，其他作用如預防老化或動脈硬化、促進消化。

食材資訊（每10g）

熱量：1.5kcal　主要營養成分：鉀22mg、鈣2.1mg、維生素C 1.2mg　※根、生鮮　產季：10～3月

山藥（長薯）

主要成分為優良澱粉，富含澱粉酶，消化效果絕佳的食材。中醫稱山藥，據說具備強化肺臟或腎臟功能。

食材資訊（每10g）

熱量：6.5kcal　主要營養成分：碳水化合物1.39g、鉀43mg、維生素B₁ 0.01mg　※塊根、生鮮產季：10～3月

蓮藕

具備維持體溫、恢復疲勞、維護皮膚健康等作用。含消炎或止咳效果絕佳的單寧酸成分，建議選用未經漂白的產品。

食材資訊（每10g）

熱量：6.6kcal　主要營養成分：碳水化合物1.55g、鉀44mg、維生素C 4.8mg　※根莖、生鮮　產季：11～3月

果菜類

食用果實或種子的蔬菜特徵為色彩繽紛、熱量低。顏色也是考量營養上非常重要的部分，秉持飲食的基本概念，更積極地納入紅、白、綠、黑、黃五種顏色的食材，更容易搭配出營養均衡的餐點，因此，果菜類可說是非常優秀的食材。番茄等食材的紅色具備提振精神效果，甜椒等食材的黃色具促進消化作用，種類較多的綠色食材具備調節身體狀況等效能，牢記這些概念，對於手作狗食絕對有幫助。

毛豆

兼具黃綠色蔬菜和大豆兩種營養素的食材。連同豆莢一起燙煮，所以連比較不耐熱的維生素C成分都不流失，預防夏日中暑的好食材。

食材資訊（每10g）

熱量：13.5kcal　主要營養成分：蛋白質 1.17g、鈣5.8g、維生素C 2.7mg　※生鮮　產季：7～9月

秋葵

胡蘿蔔素、維生素C、葉酸、鎂、鐵等成分含量高又均衡的蔬菜。夏日消暑盛品，預防胃癌等效果絕佳。

食材資訊（每10g）

熱量：3kcal　主要營養成分：維生素A（β胡蘿蔔素）67μg、葉酸 11μg、維生素C 1.1mg　※果實、生鮮　產季：7～9月

南瓜（西洋南瓜）

除據說防癌效果非常好的β胡蘿蔔素成分外，抗氧化、促進血液循環、具肌膚保健作用的維生素E成分也很豐富。

食材資訊（每10g）

熱量：9.1kcal　主要營養成分：維生素A（β胡蘿蔔素）390μg、維生素E 0.49mg、維生素C 4.3mg ※南瓜、果實、生鮮　產季：5～9月

小黃瓜

相較於營養成分，利尿作用或解熱作用更受矚目。但因含破壞維生素C的酵素，建議和檸檬酸一起攝取。

食材資訊（每10g）

熱量：1.4kcal　主要營養成分：鉀 20mg、維生素A（β胡蘿蔔素）33μg、維生素C 1.4mg ※果實、生鮮　產季：5～8月

四季豆

據說具增進粘膜或皮膚之抵抗力，預防生活習慣病等作用。其次，含天冬胺酸等攝取後有助於恢復疲勞的成分。

食材資訊（每10g）

熱量：2.3kcal　主要營養成分：鈣4.8mg、維生素A（β胡蘿蔔素）52μg、維生素B_2 0.011mg　※嫩豆、生鮮　產季：6～9月

豌豆（豌豆莢）

β胡蘿蔔素、維生素C、鐵、鈣、膳食纖維都非常豐富。據說還具備抑制老化或罹癌、提昇免疫力及整腸作用。

食材資訊（每10g）

熱量：3.6kcal　主要營養成分：鈣3.5mg、維生素A（β胡蘿蔔素）56μg、維生素C 6mg　※嫩豆、生鮮　產季：4～5月

櫛瓜

含β胡蘿蔔素、鉀、鎂、錳、維生素K等成分，具增強免疫、保護粘膜、促進血液循環等效果。

食材資訊（每10g）

熱量：1.4kcal　主要營養成分：鉀 32mg、鎂 2.5mg、維生素A（β胡蘿蔔素）31μg　※果實、生鮮　產季：6～8月

蠶豆

富含蛋白質、碳水化合物、維生素（B₁、B₂、C）等成分，鉀、鐵等礦物質成分也很豐富，避免皮膚問題或恢復疲勞效果都非常好。

食材資訊（每10g）

熱量：10.8kcal　主要營養成分：蛋白質1.09g、碳水化合物1.55g、鐵0.23mg　※未熟的青蠶豆、生鮮　產季：4～6月

冬瓜

低熱量且含利尿效果絕佳的鉀成分，亦具備降低體溫等效果，名為冬瓜卻屬於夏季蔬果。

食材資訊（每10g）

熱量：1.6kcal　主要營養成分：鉀20mg、鈣1.9mg、維生素C 3.9mg　※果實、生鮮　產季：7～9月

玉米（甜玉米）

主要成分為醣類、蛋白質，具備促進新陳代謝作用，有些狗狗消化玉米的能力非常差，處理成泥狀後才給狗狗吃比較理想。

食材資訊（每10g）

熱量：9.2kcal　主要營養成分：蛋白質0.36g、碳水化合物1.68g、鉀29mg　※未熟種子、生鮮　產季：6～9月

番茄

含胡蘿蔔素種類之一的茄紅素，抗氧化作用絕佳，有助於改善生活習慣病。給狗狗吃時，建議選用全熟且加熱調理過的番茄。

食材資訊（每10g）

熱量：1.9kcal　主要營養成分：鉀21mg、維生素A（β胡蘿蔔素）54μg、維生素C 1.5mg　※果實、生鮮　產季：6～9月

茄子

具備改善火氣大或高血壓等效果，名為Nasunin的紫色色素具備去除活性氧作用。茄科植物必須加熱調理後才給狗狗吃。

食材資訊（每10g）

熱量：2.2kcal　主要營養成分：鉀22mg、維生素B₁ 0.005mg、維生素C 0.4mg　※果實、生鮮產季：6～9月

苦瓜

富含維生素（C、K）、葉酸，具備預防夏日中暑、降低血糖等作用。

食材資訊（每10g）

熱量：1.7kcal　主要營養成分：維生素K 4.1μg、葉酸7.2μg、維生素C 7.6mg　※果實、生鮮　產季：6～9月

青椒

胡蘿蔔素、葉綠素含量豐富，恢復疲勞、強化毛細血管或粘膜等效果絕佳。

食材資訊（每10g）

熱量：2.2kcal　主要營養成分：鉀19mg、維生素A（β胡蘿蔔素）40μg、維生素C 7.6mg　※果實、生鮮　產季：6～9月

甜椒

營養價值高於青椒。建議需要恢復疲勞或分解中性脂肪時吃的食材。

食材資訊（每10g）

熱量：紅3kcal、黃2.7kcal　主要營養成分：維生素A（β胡蘿蔔素）紅94μg黃16μg、維生素C 紅17mg、黃15mg　※果實、生鮮　產季：7～10月

菇蕈類、豆類

菇蕈類為熱量低、食物纖維非常豐富，富含維生素或礦物質的食材。最受矚目的是提昇免疫力效果，近年來相當廣泛做為抗癌藥劑的原料。豆類是富含蛋白質、碳水化合物、脂肪等三大營養素的高營養食材。具提振腦神經功能以消除焦慮效果的菸鹼酸、穩定精神的維生素B_1、紓緩壓力或疲勞感的維生素C等含量都非常豐富，因此推薦給需要紓解壓力的狗狗吃。

香菇

全年都可取得的代表性菇蕈類食材
礦物質或膳食纖維都豐富

礦物質或膳食纖維最豐富的食材，市場上看到的大多為菌床栽培。香菇據說含名為「香菇多醣體」的物質，具抗腫瘤等作用，亦具備增進抵抗力效果。其次，香菇的另一個特徵是含「麥角固醇」物質，作用類似維生素D，具研究報告顯示，食用後具促進鈣質之吸收，預防肥胖等作用。

食材資訊（每10g）
熱量：1.8kcal　主要營養成分：鉀28mg、維生素D 0.21μg、膳食纖維 0.35g※生鮮
產季：3～5月、9～11月

金針菇

維生素（B_1、B_2）、膳食纖維、菸鹼酸成分都豐富，除皮膚保健外，抗腫瘤作用、維護心臟功能正常運作等效果都值得期待。

食材資訊（每10g）
熱量：2.2kcal　主要營養成分：維生素B_1 0.024mg、維生素B_2 0.017mg、膳食纖維 0.39g　※生鮮　產季：天然11～3月

杏鮑菇

富含預防惡性貧血的葉酸、預防肌膚粗糙的泛酸等含量高。食用後有助於預防脂肪攝取過量而導致體重增加。

食材資訊（每10g）
熱量：2.4kcal
主要營養成分：鉀46mg、葉酸8μg、膳食纖維 0.43g　※生鮮　產季：9～2月

黑木耳

中國人認為具備長生不老藥效的食材，搭配含鈣食品即具備防止骨骼老化，維護大腸健康等作用。

食材資訊（每10g）
熱量：16.7kcal　主要營養成分：鈣31mg、維生素D 43.5μg、膳食纖維 5.74g　※乾燥　產季：天然4～8月

滑菇

促進蛋白質成分之分解，含名為黏蛋白的黏滑成分，具保護胃部或肝臟粘膜等作用，比較不容易消化，建議切碎、加熱調理後才給狗狗吃。

食材資訊（每10g）
熱量：1.5kcal　主要營養成分：鈣0.4mg、鎂 1mg、鐵 0.07mg　※生鮮　產季：天然9～11月

鴻禧菇

胺基酸含量非常均衡，除整腸、預防肥胖、防止老化等作用外，抗癌作用或預防動脈硬化效果也都深受矚目。

食材資訊（每10g）

熱量：1.8kcal　主要營養成分：蛋白質 0.27g、維生素B₂ 0.016、菸鹼酸 0.66mg　※生鮮產季：9～11月

舞菇

含蛋白質、維生素（B₁、B₂、D）、菸鹼酸、鋅等成分，可為皮膚補充養分或促進脂肪代謝以防止肥胖。

食材資訊（每10g）

熱量：1.6kcal　主要營養成分：維生素D 0.34μg、葉酸 6μg、膳食纖維 0.27g　※生鮮　產季：10～11月

蘑菇

法國將之命名為香蕈（champignon），甚至研發出營養補充劑的健康食材，除具備改善口腔炎或皮膚炎等抗炎症效果外，亦具備消除口臭或便臭等作用。

食材資訊（每10g）

熱量：1.1kcal　主要營養成分：鉀 35mg、維生素B₂ 0.029mg、菸鹼酸 0.3mg　※生鮮　產季：4～6月、9～11月

小紅豆

富含膳食纖維、維生素（B₁、B₆）等成分。紅色素為花青素，除解毒、利尿、抗氧化作用外，更是消除疲勞或預防中暑的絕佳食材。

食材資訊（每10g）

熱量：14.3kcal　主要營養成分：蛋白質 0.89g、脂肪 0.1g、碳水化合物 2.42g　※整粒、煮熟產季：全年

大豆

必須胺基酸均衡，蛋白質成分豐富，搭配糙米後相輔相成地成為「完全蛋白質」。

食材資訊（每10g）

熱量：18kcal　主要營養成分：蛋白質 1.6g、脂肪0.9g、碳水化合物 0.97g　※整粒、國產、煮熟產季：9～11月

小扁豆

不需泡水，可直接調理，易消化，營養價值高，建議廣泛採用的豆類食材之一，適合給希望增進免疫力或恢復疲勞的狗狗吃。

食材資訊（每10g）

熱量：35.3kcal　主要營養成分：蛋白質 2.32g、脂肪 0.13g、碳水化合物 6.13g　※整粒、乾燥產季：全年

四季豆仁

含豐富維生素（B₁、B₂）、鈣質等成分，具整腸、維護皮膚健康等作用。

食材資訊（每10g）

熱量：14.3kcal　主要營養成分：蛋白質 0.85g、脂肪0.1g、碳水化合物 2.48　※整粒煮熟　產季：全年

蠶豆（阿多福豆）

含蛋白質成分，礦物質含量高，增強體力、預防中暑等效果好。

食材資訊（每10g）

熱量：25.1kcal　主要營養成分：蛋白質 0.79g、脂肪 0.12g、碳水化合物 5.22g　※煮熟　產季：全年

鷹嘴豆

具恢復疲勞、預防高血壓、健胃整腸作用，味道溫和，無怪味的豆類食材。

食材資訊（每10g）

熱量：17.1kcal　主要營養成分：蛋白質 0.95g、脂肪 0.25g、碳水化合物 2.74g　※整粒　煮熟　產季：全年

香草、香料類、芽菜類

具備藥草或香草等各種藥效，自古就廣為民間療法採用，其中不乏藥效非常強勁的種類，絕對不能攝取過量。芽菜類（新芽蔬菜）特徵為，新芽都處在成長力最旺盛的狀態下，所以營養價值非常高。種子發芽後就會合成原本不存在的營養成分，產生濃度非常高的維生素、礦物質、植物化學成分等各種養分，最令人激賞的是居家就能栽培。

紫蘇葉

除食用外，用途相當廣泛的的日式香草
具殺菌、增強抵抗力等效果不勝枚舉

自古自然生長在日本各地的日式香草植物。營養價值較高的是綠紫蘇，具藥效的是紅紫蘇。富含 β 胡蘿蔔素、維生素（B_1、B_2、B_6、C、E、K等），礦物質成分也很豐富，殺菌、防腐、增進食慾、健胃整腸、促進血液循環、促進免疫力正常運作等效果值得期待。當然可食用，煎成茶飲或用於泡澡等用途廣泛。

食材資訊（每 10g）
熱量：3.7kcal　主要營養成分：鈣 23mg、維生素A（β 胡蘿蔔素）1100μg、維生素C 2.6mg　※葉、生鮮
產季：紅紫蘇6～8月、綠紫蘇7～10月

九層塔（或稱羅勒）

用於烹調義大利料理後
飼主因為香料成分而放鬆了心情

自古以來九層塔就被希臘王室視為藥草推廣運用。胡蘿蔔素、鉀、鈣等含量高，據說具備抗氧化、止瀉、提昇免疫力、維護呼吸系統，以及紓緩肌肉、關節疼痛等作用。但因含甲基蔞葉酚成分，刺激性強勁易導致肌膚粗糙，嚴禁直接擦在狗狗的皮膚上。

食材資訊（每 10g）
熱量：2.4kcal　主要營養成分：鈣 24mg、維生素A（β 胡蘿蔔素）630μg、維生素E 0.35mg　※葉、生鮮
產季：7～8月

巴西里

具增進抵抗力或免疫力等作用以對抗疾病的食材
建議當做配料做更充分地運用以提昇營養價值

富含具抗氧化作用的胡蘿蔔素、提昇免疫力效果的維生素C等成分。兼具增進抵抗力以對抗疾病、皮膚保健、改善眼疾、淨化血液等效果。放入水中清洗時養分易流失，建議洗乾淨後才分切調理。建議調理餐點時少量撒上切碎的巴西里等善加運用各種令人激賞的效果。

食材資訊（每 10g）
熱量：4.4kcal　主要營養成分：鈣 29mg、維生素A（β 胡蘿蔔素）740μg、維生素C 12mg　※葉、生鮮　產季：全年

苜宿芽

特徵為營養豐富且含量高
減重期間也推薦使用的食材

質地柔細的新芽，特徵為口感爽脆，美國的超人氣減重食材，富含胡蘿蔔素、維生素類、礦物質成分，亦含膳食纖維或蛋白質等成分的高營養食材，除具備降低膽固醇，強化肝臟功能等作用外，排除消化不良、改善花粉症等效果值得期待。

> **食材資訊**（每10g）
>
> 熱量：1.2kcal　主要營養成分：鈣 1.4mg、維生素A（β胡蘿蔔素）5.6μg、維生素E 0.19mg　※生鮮　產季：全年

蘿蔔嬰

用法超簡單的芽菜類
具備清血、增強免疫力等作用

以胡蘿蔔素為首，維生素（C、K）、鐵或鈣質都很豐富。廣受矚目的「神奇荷爾蒙」，具備促進退黑激素形成等作用，具備促進紅血球形成、預防貧血、抗氧化、淨化血液、防止老化、增強免疫力等作用。蘿蔔嬰是芽菜類中最容易取得，最貼近人們生活的食材。

> **食材資訊**（每10g）
>
> 熱量：2.1kcal　主要營養成分：維生素A（β胡蘿蔔素）190μg、維生素K 20μg、維生素C 4.7mg　※芽菜、生鮮　產季：全年

豆芽菜（綠豆芽）

營養均衡度超乎想像的食材
建議廣泛使用各種豆類的芽菜

發芽成長期間的新芽之總稱。所含成分大多為水分，蛋白質、維生素、礦物質含量適中，亦含膳食纖維。以「豆芽菜」名義便宜販售的黑皮綠豆（Black Matpe）特徵為外皮為黑色。降低膽固醇、消除便秘效果絕佳。黃豆芽具恢復疲勞作用，又長又胖的綠豆芽亦富含維生素C。

> **食材資訊**（每10g）
>
> 熱量：1.4kcal
> 主要營養成分：鉀 6.9mg、鈣 0.9mg、維生素C 0.8mg
> ※生鮮
> 產季：全年

其他芽菜類

從生活周遭常見的芽菜到難得一見的芽菜
建議更廣泛地從各種芽菜攝取不同的效果

因預防癌症效果而深受矚目的綠花椰菜芽。食用後可活化身體原有的解毒機能，據說效果可持續三天以上。其次，β胡蘿蔔素的含量最豐富，具保護粘膜作用的豌豆苗幾乎各大超級市場都買得到，其他如芥菜芽、紅高麗菜芽、蕎麥芽等都是營養價值非常高的芽菜類。建議飼主配合愛犬之喜好，廣泛選用芽菜類食材。

蔬菜類食譜

本單元將利用日常生活中相當容易取得的食材，介紹大量使用蔬菜的手作狗食。蔬菜除富含確保身體機能必要維生素或礦物質外，攝取後有助於提昇魚類或肉類食材的消化吸收效果。建議飼主廣泛採用熱量低、使用起來非常方便的蔬菜類食材。

※材料係以S（5kg）、M（10kg）、L（15kg）成犬一餐份為基準。

愛犬的燉菜

S　206kcal　M　314kcal　L　416kcal

家裡現有的蔬菜，加上牛臀肉即可完成的超簡單食譜。使用其他肉類或魚類食材當然也很好吃。
經過調味即可調理成飼主們也能一起享用的燉菜或咖哩等美味佳餚。

■材料（1餐份）

	S	M	L
牛臀肉	40g	70g	100g
馬鈴薯	40g	50g	60g
胡蘿蔔	20g	25g	30g
高麗菜	25g	35g	45g
白飯	40g	60g	75g
紫蘇葉	3g	5g	7g
橄欖油	1mℓ	1mℓ	1mℓ

■作法（必要時間　25分）

1. 馬鈴薯、胡蘿蔔、高麗菜、牛臀肉分別切成一口大小。
2. 鍋子熱好橄欖油後微微地拌炒步驟1的蔬菜和肉。
3. 步驟2的鍋裡注入冷水至足以淹蓋食材，烹煮至食材完全軟化為止。
4. 將白飯盛入比較深的大碗裡，再加上步驟3的料和湯，最後撒上紫蘇葉即可起鍋。

冬粉炒時蔬豆腐

使用低熱量、易消化、不易堆積老舊廢物的冬粉，
可省下炊煮白飯的時間。

■材料（1餐份）

	S	M	L
豬絞肉	35g	65g	90g
冬粉	45g	75g	95g
大白菜	20g	25g	30g
胡蘿蔔	20g	25g	30g
鴻禧菇	15g	20g	25g
豌豆莢	10g	15g	20g
羊栖菜	15g	20g	25g
橄欖油	1mℓ	1mℓ	1mℓ

■作法（必要時間　25分）

1. 羊栖菜以冷水泡發後切成粗末。
2. 胡蘿蔔和大白菜也分別切成粗末，鴻禧菇切成一口大小，豌豆莢
   斜切成薄片。
3. 步驟2的胡蘿蔔、大白菜、豌豆莢加上豬絞肉和步驟1的羊栖菜
   後，倒入已經熱好油的平底鍋中拌炒。
4. 冬粉燙軟後撈到簍子裡。
5. 將步驟3炒好的配料和步驟4的冬粉放入調理缽中，拌勻後盛盤
   即完成。

S　192kcal　M　325kcal　L　425kcal

S　171kcal　M　244kcal　L　332kcal

通心麵蔬菜沙拉

以裙帶菜及和布蕪調成美乃滋風拌醬，可攝取到礦
物質成分，各種料理都適用。

■材料（1餐份）

	S	M	L
雞胸肉	30g	50g	80g
通心麵	50g	70g	100g
蓮藕	20g	25g	30g
胡蘿蔔	20g	25g	30g
南瓜	20g	25g	30g
小黃瓜	15g	20g	25g
裙帶菜	10g	13g	15g
和布蕪	10g	13g	15g
豆漿	25mℓ	30mℓ	35mℓ
麻仁油	4～5滴	8～10滴	12～16滴

■作法（必要時間　20分）

1. 雞胸肉、小黃瓜、胡蘿蔔、南瓜、蓮藕分別切成一口大小後燙
   熟。
2. 通心麵煮軟。
3. 裙帶菜及和布蕪一起攪拌均勻後，運用剁切細末要領，擺在砧板
   上剁切成黏黏滑滑的狀態。
4. 將步驟3的裙帶菜及和布蕪放入調理缽中，添加豆漿後邊攪拌、
   邊滴入亞麻仁油，調成拌醬。
5. 將步驟1的雞胸肉與蔬菜和步驟2的通心麵放入調理缽中，攪拌
   均勻後盛入大碗裡，最後加上步驟4的拌醬後完成。

S 182kcal　M 261kcal　L 351kcal

奶油燉菜

使用具溫熱身體作用的食材，建議冬季期間也採用。可同時攝取到蔬菜和肉類食材養分且色彩繽紛的餐點。

■材料（1餐份）

	S	M	L
雞胸肉	30g	50g	80g
芋頭	55g	75g	100g
蕪菁	20g	25g	30g
蕪菁葉	10g	15g	20g
綠花椰菜	20g	25g	30g
白花椰菜	20g	25g	30g
胡蘿蔔	20g	25g	30g
豆漿	100㎖	150㎖	200㎖
葛粉	2.5g	4g	5g
菜籽油	1㎖	1㎖	1㎖

■作法（必要時間　20分）

1. 綠花椰菜、白花椰菜、蕪菁、蕪菁葉、胡蘿蔔分別切成一口大小後燙煮。
2. 蕃薯切成一口大小，泡水至完全看不出白濁狀態後煮軟。雞胸肉也切成一口大小。
3. 鍋子加熱菜籽油後倒入步驟1的蔬菜、步驟2的蕃薯、雞胸肉後稍微拌炒一下。
4. 步驟3的鍋子裡注入冷水到可大致淹蓋食材，稍微烹煮後淋上葛粉水，調出薄薄的濃稠度後盛入大碗中即完成。

S 229kcal　M 322kcal　L 421kcal

卵花蔬菜飯糰

將蔬菜、豆腐渣和白飯攪拌均勻後捏成狗狗的飯糰。從豆腐渣（卵花）攝取蛋白質和碳水化合物成分。

■材料（1餐份）

	S	M	L
牛絞肉	30g	45g	60g
白飯	45g	60g	75g
豆腐渣	30g	45g	60g
胡蘿蔔	20g	25g	30g
高麗菜	20g	25g	30g
葛粉	1／4小匙	1／3小匙	1／2小匙
高湯	50㎖	70㎖	90㎖
菜籽油	0.5㎖	0.5㎖	0.5㎖

■作法（必要時間　25分）

1. 胡蘿蔔、高麗菜分別切成細末。
2. 平底鍋微微地抹上一層菜籽油後，拌炒步驟1的胡蘿蔔和高麗菜，倒入豆腐渣後邊加高湯、邊炒炒均勻後取出。
3. 將牛絞肉放入步驟2的平底鍋裡，拌炒後淋上葛粉水，調成芡汁。
4. 將白飯盛入調理缽中，加入步驟2的豆腐渣後攪拌均勻，揉圓後捏成飯糰，放入盤子裡。
5. 將步驟3的芡汁淋在步驟4上即完成。

納豆大白菜捲

利用大白菜葉捲上狗狗最愛吃的納豆。納豆的蛋白質最豐富。

■材料（1餐份）

	S	M	L
豬絞肉	35g	45g	60g
白飯	45g	60g	75g
南瓜	35g	40g	45g
納豆	30g	35g	40g
大白菜葉	大1枚	大1枚	大1枚
菜籽油	0.5mℓ	0.5mℓ	0.5mℓ

■作法（必要時間　30分）

1. 南瓜切成小丁後煮軟，趁熱以保鮮膜包好後捏成南瓜泥。
2. 大白菜葉迅速汆燙約30秒後立即泡入冰水裡，撈出後瀝乾水分。
3. 平底鍋薄薄地抹上一層菜籽油後拌炒豬絞肉。
4. 將步驟2的大白菜葉鋪在竹簾上，再依序重疊白飯、納豆、步驟3的豬絞肉、步驟1的南瓜，以捲壽司要領捲成納豆捲。
5. 將步驟4的納豆捲切成一口大小後盛盤。

S　265kcal　M　331kcal　L　416kcal

S　154kcal　M　209kcal　L　264kcal

蔬菜小米鹹粥

小米為營養非常均衡的雜糧類食材。
熱量非常低，最適合煮給減重中的狗狗吃。

■材料（1餐份）

	S	M	L
雞里肌肉	35g	45g	55g
白飯	35g	50g	65g
小米	15g	20g	25g
牛蒡	20g	25g	30g
綠花椰菜	20g	25g	30g
滑菇	15g	20g	25g
秋葵	10g	15g	20g
小番茄	1個	1個半	2個
巴西里	3g	5g	7g
高湯	120mℓ	160mℓ	200mℓ

■作法（必要時間　20分）

1. 將小米放入小網杓裡，微微地沖洗後烹煮約15分鐘，然後和白飯一起攪拌均勻。牛蒡切成小小的扇形片狀，浸泡冷水約1分鐘。
2. 秋葵、綠花椰菜、滑菇、雞里肌肉分別切成一口大小。
3. 小番茄切成一口大小的骰子狀。
4. 將高湯倒入鍋裡，用來烹煮步驟1的小米、牛蒡、步驟2的秋葵和綠花椰菜、滑菇、雞里肌肉。煮好前放入步驟3的小番茄後煮熟。
5. 盛入狗狗的大碗裡，撒上切成細末的巴西里即大功告成。

水果

富含維生素、礦物質、膳食纖維等成分，以及有助於維護身體健康的類黃酮、多酚、類胡蘿蔔素等成分。低熱量，但含果糖而有甜味，不少狗狗因此而喜歡吃。腸道吸收果糖的速度較慢，攝取後慢慢地消化，因此血糖值也慢慢地上升。相對地，水果易轉換成中性脂肪，給狗狗吃時，必須將攝取熱量控制在10%以內。

香蕉

熱量低，但飽足感十足的好食材
增進免疫力的效果也頗受矚目

熱量約白米的三分之一的低熱量食材，含葡萄糖、果糖、蔗糖等醣類。醣類可大致分成立即轉換成熱量和需要長時間轉換熱量兩種類型，因此，吃下含各種醣類的香蕉後即可長時間穩定提供熱量、維持飽足感。

其次，香蕉還具備增進免疫力效果，特徵為該成分加熱後不會改變，比較不會破壞體內的鉀或酸類成分。缺點為香蕉的鉀含量非常高，吃太多可能導致鉀成分攝取過量。給罹患心臟、腎上腺、腎臟等部位疾病的狗狗吃時，必須調整食用頻率或份量。

預防夏季中暑、維護皮膚、抗氧化等效果也都非常好。

食材資訊（每10g）
熱量：8.6kcal
主要營養成分：鉀36mg、維生素C 1.6mg、膳食纖維0.11g　※生鮮
產季：全年

草莓

維生素C含量居水果類食材的第一位。體重為10kg的狗狗每天吃中型草莓2顆即可充分發揮抗氧化、增進免疫力等效果。

食材資訊（每10g）
熱量：3.4kcal　主要營養成分：鉀17mg、葉酸9μg、維生素C 6.2mg　※生鮮　產季：12～6月

西瓜

西瓜為最符合狗狗嗜好的水果，除具抗氧化作用的茄紅素外，亦含利尿等作用的鉀成分。具身體降溫作用，給狗狗吃時應避免攝取過量。

食材資訊（每10g）
熱量：3.7kcal　主要營養成分：鉀12mg、維生素A（β胡蘿蔔素）83μg、維生素C 1mg　※生鮮　產季：7～8月

水梨（日本梨）

水分含量高，含預防高血壓作用的鉀、整腸通便的山梨醣醇等成分，以及促進新陳代謝作用。但，易導致腹瀉，絕對不能讓狗狗攝取過量。

食材資訊（每 10g）

熱量：4.3kcal
主要營養成分：鉀 14mg、膳食纖維 0.09g ※生鮮
產季：9～10月

藍莓

含花青素成分，具維護眼睛健康作用，其他成分如 β 胡蘿蔔素等維生素，具備抗氧化或強化骨骼作用。

食材資訊（每 10g）

熱量：4.9kcal　主要營養成分：鉀7mg、維生素A（β 胡蘿蔔素）5.5μg、維生素E 0.17mg ※生鮮
產季：6～7月

哈密瓜

含多酚，具備化解攝入體內的有害物質等功能，以及抗氧化或預防高血壓等效果。鉀含量高，必須留意攝取量。

食材資訊（每 10g）

熱量：4.2kcal　主要營養成分：鉀 34mg、維生素B₆ 0.01mg、膳食纖維 0.05g ※溫室栽培、生鮮　產季：5～8月

桃子

鉀含量為水果之最，具促進排出老舊廢物作用。其次，膳食纖維含量高，整腸作用等效果值得期待。

食材資訊（每 10g）

熱量：4kcal　主要營養成分：鉀18mg、菸鹼酸 0.06mg、膳食纖維 0.13g ※生鮮　產季：7～9月

覆盆莓

維生素C、葉酸、花青素等成分非常高的樹莓同類，具備抗氧化、維護皮膚健康、抗病毒等效能。

食材資訊（每 10g）

熱量：4.1kcal
主要營養成分：葉酸3.8μg、維生素C 2.2mg、膳食纖維 0.47g ※生鮮　產季：6～8月

蘋果

營養價值非常高，維生素、礦物質豐富，具備排除膽固醇等效果，外皮含多酚，建議連皮一起給狗狗吃。

食材資訊（每 10g）

熱量：5.4kcal　主要營養成分：鉀 11mg、維生素C 0.4mg、膳食纖維 0.15g ※生鮮　產季：9～11月

其他水果

維持尿路系統的正常運作、預防結石的蔓越莓
因具備抗癌作用而深受矚目的溫州蜜柑也推薦使用

推薦水果為蔓越莓和溫州蜜柑。蔓越莓自古廣為美國民間療法運用，含奎寧酸，具緩和尿道感染症效果，最適合給容易罹患膀胱炎的狗狗吃。預防結石食材的明日之星，建議牢牢記住。溫州蜜柑含 β 隱黃素，易消化吸收，據說是預防癌症或骨質疏鬆症的重要成分。外皮具溫熱身體作用，果實性寒，嚴禁攝取過量。

狗狗不吃飯時該怎麼辦？

狗狗食量小又挑食，每次為了牠吃飯都得費盡千辛萬苦，
有這種煩惱的飼主顯然不少。
出現這種情形時，不妨試試以下介紹的方法。
愛犬無論如何不肯吃飯時，請依照步驟試試看吧！

增進食慾

6大創意

①加熱

首先，把飯加熱後再給狗狗試試看。加熱後
味道比較香，有助於提昇適口性。以相同內
容的餐點為例，熱食一定比冷食受狗狗歡迎。

②增添風味

加熱後狗狗依然不肯吃的話，那就增添一點
風味後再試試看，撒上少許柴魚花或磨得香
噴噴的芝麻等，增添風味有助於提昇適口性。

③加點高湯

將「少許」柴魚（鰹魚）、昆布或香菇等食材熬煮的高湯加在狗狗飯裡試試看吧！加上高湯的味道後，沒有經過調味還是能達到調味的效果。

④煎熟食材

建議改變調理方法，將食材煎熟後給狗狗吃。油脂為提昇適口性的絕佳物質。就蒸熟和煎熟而言，煎熟後味道更香濃，有助於促進胃液或唾液之分泌。

⑤油炸食材

和煎熟食材一樣，利用油脂提昇適口性的好點子。素炸的熱量最低，因此建議讓狗狗從素炸食品開始吃起。狗狗依然不肯吃的話，那就以炸蔬菜或炸雞要領處理食材後再試試看吧！

⑥調味

增添鹹味有助於提昇適口性，市售狗糧通常也含鈉成分。一旦吃慣重口味，狗狗更不肯吃口味清淡的餐點，因此，調味時務必堅守「極少量」的大原則。

避免煮太多吃不完而剩下來

剛煮好的飯最好吃，狗狗和人們的感覺都一樣。每天都得幫狗狗做飯真的很辛苦，太忙的時候就不知不覺地想拿些剩菜剩飯給狗狗吃。既然想嘗試手作狗食，當然得多花點心思，幫狗狗調理最容易消化吸收，可充分地攝取到各種營養素，都是現煮的食物。

有助於淋漓盡致地活用營養素的好辦法

建議將一次的手作狗食量控制在早晚兩餐份左右，儘量給狗狗吃現煮的食物，因為冷凍保存或解凍過程中，不管處理得多麼完善，都無法完全排除營養價值下降或食物變質等情形之發生。因此，應儘量避免調理比較費工夫的餐點後存放好幾天，最好選用調理方法比較簡單的食物，而且做好後馬上就給狗狗吃，考量及營養價值，這才是最理想的做法，狗狗也會覺得更好吃，重點是應避免因為煮太多吃不完而剩下來。

穀類或芋薯類中不乏狗狗無法消化的食材

穀類或芋薯類所含澱粉成分的最大特徵為，加熱後變得比較好消化（糊化或稱 α 化），但煮熟後飽含水分狀態下冷卻就變得難以消化（老化或稱 β 化）。因此，含澱粉成分的食材應儘量避免冷藏保存，室溫保存則沒問題。夏季期間等狀況下以避免食材腐壞為先決條件，冬季期間則應儘量常溫保存。

冷凍保存後的處理辦法

煮太多、調理過的餐點無論如何必須冷凍保存時，因含澱粉成分的食材容易影響消化，建議取出後才冷凍。其次，冷凍後需要使用時，很容易順手就放進微波裡解凍，但，據說電磁波之影響足以讓食材細胞產生變化，因此建議儘量避免採用微波解凍方式，最好採用自然解凍、蒸或放入鍋裡加熱等解凍方式。

穀類和其他食材大全

Cereal and Others

穀類

動物可從穀類食材中攝取到熱量來源的碳水化合物、澱粉等成分。全穀類易因過度碾白而導致穀粒的生命力或營養成分流失，而且，顆粒表面磨損時，氧化現象就開始發生，因此，最好利用剛碾好的白米或富含營養成分的糙米煮給狗狗吃。不過，糙米沒有白米那麼容易消化，因此，使用糙米時必須仔細觀察狗狗的排便情形，直到狗狗吃習慣為止，耐心地為狗狗烹煮口感非常軟爛的食物。

白米

碾成白米後營養成分銳減
白米是日本人絕對不可或缺的主食

白米為糙米碾白處理過，完全碾除米糠和胚芽部分後之產物。碾白程度依序為糙米、三分米、五分米、七分米、胚芽米、白米，營養成分也依序遞減。播種後就會發芽，由此可見，糙米有生命力，吃糙米即可攝取到該生命力，因此，狀況許可的話，建議為愛犬調理食物時，儘量選用糙米，因為好處絕對多於白米，飼主們若能因為愛犬吃糙米而改變飲食習慣，全家人跟著吃糙米而充滿著生命力，那就更為理想。

話雖如此，白米還是含蛋白質、脂肪、醣類、膳食纖維、鈣、鈉、磷、鐵、維生素（B_1、B_2、B_6）以及必須胺基酸成分。搭配豬肉一起吃即可促進身體吸收營養成分，大大地提升營養價值。

食材資訊（每 10g）
熱量：16.8kcal
主要營養成分：蛋白質 0.25g、脂肪 0.03g、碳水化合物 3.71g　※水稻米飯
產季：8月下旬～11月

莧米

蛋白質含量非常高，含鈣、脂肪、鐵、纖維質或礦物質等成分的高營養價值穀類，最適合給對米或小麥過敏的狗狗吃。

食材資訊（每 10g）
熱量：35.8kcal
主要營養成分：蛋白質 1.27g、脂肪 0.6g、碳水化合物 6.49g
※糙米　產季：全年

小米

富含膳食纖維、鈣、鐵、鎂、鋅、鉀等成分，對米或小麥過敏的絕佳替代食材。

食材資訊（每 10g）
熱量：36.4kcal
主要營養成分：蛋白質 1.05g、脂肪 0.27g、碳水化合物 7.31g
※精白顆粒　產季：全年

燕麥（oatmeal）

全麥片，營養豐富，具促進膽固醇排出，增進免疫力等作用，建議利用豆漿熬成粥後給狗狗吃。

食材資訊（每10g）

熱量：38kcal
主要營養成分：蛋白質 1.37g、脂肪 0.57g、碳水化合物 6.91g
產季：全年

大麥

富含膳食纖維、鈣、鉀、礦物質成分，被視為抗癌物質，具冷卻身體作用，冬季期間應避免給狗狗吃。

食材資訊（每10g）

熱量：34.3kcal
主要營養成分：蛋白質 0.7g、脂肪 0.21g、碳水化合物 7.62g ※粒狀 產季：全年

黍米

相較於白米，除膳食纖維外，礦物質也非常豐富。具備提昇好膽固醇值效果，促進新陳代謝等作用。

食材資訊（每10g）

熱量：35.6kcal
主要營養成分：蛋白質 1.06g、脂肪 0.17g、碳水化合物 7.31g
※精碾白米 產季：全年

糙米

營養均衡，解毒作用高，具促進新陳代謝作用，不易消化，建議熬煮得非常軟爛才給狗狗吃。

食材資訊（每10g）

熱量：16.5kcal
主要營養成分：蛋白質 0.28g、脂肪 0.1g、碳水化合物 3.56g
※水稻糙米飯 產季：全年

薏仁

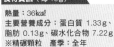

促進新陳代謝、維護皮膚健康的優良食材，可拌入白飯或加入湯裡，不適合給已經懷孕的狗狗吃。

食材資訊（每10g）

熱量：36kcal
主要營養成分：蛋白質 1.33g、脂肪 0.13g、碳水化合物 7.22g
※精碾顆粒 產季：全年

稗米

據說是穀類中最不容易引發過敏症狀，適合必須排除過敏食物的狗狗吃。富含蛋白質或脂肪，具強健骨骼，溫熱身體作用。

食材資訊（每10g）

熱量：36.7kcal
主要營養成分：蛋白質 0.97g、脂肪 0.37g、碳水化合物 7.24g
※精碾顆粒 產季：全年

其他穀類

豐富的營養成分和效果值得期待的黑米
近似完全食品的藜麥為最受矚目的穀類食材

黑米別名為藥米，其色素（花青素）據說具備保護或強化血管、預防動脈硬化、抑制癌症、抗氧化、滋補強身、造血等效果，最大特徵為，相較於白米，膳食纖維高達7倍、鈣質4倍、鉀3倍、鎂5倍，營養成分非常豐富。藜麥為南美人的主食，富含所有種類的必須胺基酸，近似完全食品，甚至被NASA視為食品的明日之星，最令人激賞的是以一般炊煮方式即可輕鬆地完成餐點。

穀類
加工食品

日本生產的麵粉原料中百分之八十仰賴進口，國產只佔百分之二十左右，近年來因品種改良或相關研究大有斬獲而更廣泛地生產可碾製高筋麵粉或糯感較重的中筋麵粉等小麥品種。穀類加工品特徵為廣泛涵蓋及麵粉、全麥粉、蕎麥粉、米磨的粉、義大利麵原料的硬質小麥，以及麵粉加工後完成的烏龍麵、粳米加工後完成的糕點、麵粉的麵筋做成的烤麩之類的食材。

低筋麵粉

以低筋麵粉製作薄煎餅或點心時
選用全麥粉即可攝取到所有的營養成分

蛋白質含量為6.5～8％的麵粉稱低筋麵粉，麵粉的名稱和調理用途因蛋白質的質量而不同。使用低筋麵粉時，建議選用營養價值較高的全麥粉。被稱為「植物的蛋」，五大營養素含量非常均衡的胚芽部分富含蛋白質、維生素（B₁、B₂、B₆）、亞麻油酸或必須胺基酸等成分。除胚芽部分外還包括含碳水化合物的胚乳，以及富含纖維素和半纖維素等膳食纖維、鈣、鐵成分的麩（薄皮）。由此可見，不碾除任何部分，別錯過其中的營養成分，即可攝取到全麥粉的所有營養素。但，穀物處理成粉狀後就開始氧化，最好及早用完。

食材資訊（每10g）
熱量：36.8kcal
主要營養成分：蛋白質 0.8g、脂肪 0.17g、碳水化合物 7.59g　※1級
產季：全年

高筋麵粉

常用於製作麵包等食品的原料
訣竅為和肉、蛋一起給狗狗吃

蛋白質含量為11.5～12.5％的麵粉稱為高筋麵粉。高筋麵粉的澱粉（醣類）含量略低於低筋麵粉。希望狗狗攝取到麵粉中的蛋白質成分，給狗狗吃高筋麵粉做的麵包之類的食物時，搭配肉類、蛋類食材即可補充必須胺基酸價的離胺酸成分，大幅提昇營養均衡度，構成更健康的飲食。

食材資訊（每10g）
熱量：36.6kcal
主要營養成分：蛋白質 1.17g、脂肪 0.18g、碳水化合物 7.16g　※1級
產季：全年

烏龍麵

最適合給不希望造成腸胃負擔的狗狗吃
建議給狗狗吃不添加鹽份的自製烏龍麵

原料為中筋麵粉的高熱量食品，所含成分大多為澱粉（醣類），非常容易消化的食材。不過，給不肯咀嚼、習慣囫圇吞食的狗狗吃時，最好煮得非常軟爛。其次，市售烏龍麵（含乾燥的麵條）若鹽份含量太高則美中不足，建議參考P76的烏龍麵食譜，親手揉製最具健康概念的烏龍麵。

> **食材資訊**（每10g）
> 熱量：10.5kcal
> 主要營養成分：蛋白質
> 0.26g、脂肪 0.04g、碳水化
> 合物 2.16g　※燙熟
> 產季：全年

蕎麥粉

營養豐富程度居穀類食材中的第一位
血管、皮膚、粘膜等部位之保健效果好

營養素高於糙米的健康食品，推薦調理方法為以蕎麥粉做薄煎餅，優點為營養成分不流失。富含維生素（B$_1$、E）、菸鹼酸、礦物質類等成分，確保年輕血管、保護皮膚或粘膜，以及提昇蛋白質、脂肪、醣類之吸收利用率等效果都值得期待。

> **食材資訊**（每10g）
> 熱量：36kcal
> 主要營養成分：蛋白質
> 1.02g、脂肪 0.27g、碳水化
> 合物 7.16g　※中層粉*
> 產季：11～12月

＊中層粉：用蕎麥接近中心的部份製成的粉（顏色較深）。

通心麵、
義大利麵

原料為全麥粉的義大利麵吃少量就很有飽足感
別煮成彈牙有嚼勁，煮到軟軟爛爛的才給狗狗吃吧！

原料為蕎麥，特徵為質地比小麥硬，含優良蛋白質、維生素、鐵、鉀、膳食纖維等成分。原料為全麥粉的麵條吃少量就很有飽足感，因而建議給狗狗吃。燙煮這類義大利麵時應以不加鹽為原則。千萬別煮得彈牙有嚼勁，燙煮到有點煮過頭的軟爛程度更適合給狗狗吃。

> **食材資訊**（每10g）
> 熱量：14.9kcal
> 主要營養成分：蛋白質
> 0.52g、脂肪 0.09g、碳水化
> 合物 2.84g　※燙煮過
> 產季：全年

糕類

含銅、鋅、碳水化合物等成分，但容易噎到喉嚨，建議切成1mm左右，像煎餅似地處理出脆脆的口感後才給狗狗吃。

> **食材資訊**（每10g）
> 熱量：23.5kcal
> 主要營養成分：蛋白質 0.42g、
> 脂肪 0.08g、碳水化合物 5.03g
> 產季：全年

烤麩

礦物質含量豐富、低脂肪、易消化、低熱量的蛋白質來源食品，因此推薦給減重中的狗狗吃，但應嚴禁攝取過量。

> **食材資訊**（每10g）
> 熱量：38.5kcal
> 主要營養成分：蛋白質 2.85g、
> 脂肪 0.27g、碳水化合物 5.69g
> ※觀世麩※　產季：全年

※觀世麩：烤麩商品名，指橫向切面有螺旋狀圖案的烤麩。

大豆加工食品、乳製品

原料為大豆，良質植物性蛋白質的含量不輸肉類或魚類，缺點為「不易消化」，經過加工即可解決問題。加工食品營養價值更高、價格更低廉，可說是最適合煮給狗狗吃的食材。其次，具相關研究結果顯示，這類食品還具備防癌效果。「奶」源自母體的血液、狗狗喝下其他動物的奶到底好不好呢？因為無法排除這些疑慮而不太建議給狗狗喝乳品。

納豆

因所含酵素具清血作用、攝取後有助於調整腸道內環境而成為眾所矚目的食材

納豆含蛋白質、鈣、膳食纖維、維生素（E、B_2、B_6、鉀、鎂、鐵）等成分，營養非常豐富，除具備打造肌肉或內臟器官、促進骨骼或牙齒形成、降低膽固醇等作用外，更是消除便秘或維護免疫機能正常運作等效果都非常值得期待的食材。其次，納豆亦含異黃酮之類的多種抗氧化物質，因此是延緩老化、打造不氧化健康身體的重要物質。

繼而，具相關研究證實，納豆所含「納豆激酶」酵素具清血作用，亦含維生素K_2成分，強化骨骼等作用佳。納豆屬於植物性發酵食品，調節腸道內環境的作用令人期待，但因易導致胃部擴張或胃扭轉等現象，應避免讓狗狗攝取過量。

食材資訊（每10g）

熱量：20kcal
主要營養成分：蛋白質 1.65g、脂肪 1g、碳水化合物 1.21g　※拔絲納豆
產季：全年

油豆腐（油炸表面）

板豆腐瀝乾水分後油炸而成，具備防止老化、恢復疲勞或增強體力等作用，建議汆燙後調理以降低熱量。

食材資訊（每10g）

熱量：15kcal
主要營養成分：蛋白質 1.07g、脂肪 1.13g、碳水化合物 0.09g
產季：全年

豆皮

豆腐切薄片後油炸而成，脂肪含量高，汆燙後才調理吧！健腦或排出膽固醇的效果佳。

食材資訊（每10g）

熱量：38.6kcal
主要營養成分：蛋白質 1.86g、脂肪 3.31g、碳水化合物 0.25g
產季：全年

豆腐渣

富含膳食纖維，具活化腸道功能等效果。營養價值高，低熱量，變換調理方式即可更廣泛運用的食材之一。

食材資訊（每10g）

熱量：11.1kcal
主要營養成分：蛋白質 0.61g、脂肪 0.36g、碳水化合物 1.38g
※新製法　產季：全年

黃豆粉

大豆炒過後才碾磨成粉狀，比直接吃大豆更容易消化吸收其中的營養成分，抗氧化、抗炎症、抗過敏等效果深得期待。

食材資訊（每10g）

熱量：43.7kcal
主要營養成分：蛋白質 3.55g、脂肪 2.34g、碳水化合物 3.1g
※全粒大豆　產季：全年

凍豆腐（高野豆腐）

特徵為蛋白質含量佔壓倒性多數的食材，和維生素B$_2$一起吃，胺基酸成分即可更有效地運用，但須嚴禁攝取過量。

食材資訊（每10g）

熱量：52.9kcal
主要營養成分：蛋白質 4.94g、脂肪 3.32g、碳水化合物 0.57g
產季：全年

豆漿

取自大豆，給狗狗吃時建議選用非基因改造的大豆榨的豆漿。豆漿是消化率高達90%的優良食材，體質較弱的狗狗也很適合喝。

食材資訊（每10g）

熱量：4.6kcal
主要營養成分：蛋白質 0.36g、脂肪 0.2g、碳水化合物 0.31g
產季：全年

嫩豆腐

維生素類含量率高於板豆腐，因為含促進胰島素分泌的成分而具備預防糖尿病或抑制血糖上升等效果。

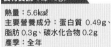

食材資訊（每10g）

熱量：5.6kcal
主要營養成分：蛋白質 0.49g、脂肪 0.3g、碳水化合物 0.2g
產季：全年

板豆腐

蛋白質或必須礦物質含量高於嫩豆腐的高熱量食材。希望狗狗攝取蛋白質時，選用板豆腐優於嫩豆腐。

食材資訊（每10g）

熱量：7.2kcal
主要營養成分：蛋白質 0.66g、脂肪 0.42g、碳水化合物 0.16g
產季：全年

低脂肪乳（脫脂乳）

乳脂肪成分低於0.5%，屬於低熱量、低脂肪食材，但營養成分和鮮奶差不多。

食材資訊（每10g）

熱量：3.3kcal
主要營養成分：蛋白質 0.34g、脂肪 0.01g、碳水化合物 0.47g　產季：全年

羊乳

味道比牛奶更香濃，富含牛磺酸或鈣質等成分，消化吸收速度快。

食材資訊（每10g）

熱量：6.3kcal
主要營養成分：蛋白質 0.31g、脂肪 0.36g、碳水化合物 0.45g　產季：全年

優酪乳

牛乳添加乳酸菌後發酵而成，給狗狗吃時宜選用原味優酪乳。

食材資訊（每10g）

熱量：6.2kcal　**主要營養成分**：蛋白質 0.36g、脂肪 0.3g、碳水化合物 0.49g　※全脂無糖　產季：全年

乾貨、藻類

經過日曬以促進水分揮發後營養成分更濃縮，因太陽光而產生化學變化後營養價值更高的乾貨類食品。拿相同重量的生鮮食材做比較後經證實，乾貨的熱量和營養成分都遙遙領先。避免一次大量攝取，烹調日常餐點時極少量使用更能有效地吸收礦物質成分。不過，乾貨和藻類的鈉含量都非常高，因此給狗狗吃的時候務必留意攝取量。

芝麻

以豐富的養分維護愛犬的健康
靠芝麻素守護身體以延緩氧化或老化

芝麻為自古以來中醫相當廣泛採用的食材，可大致分成黑芝麻、白芝麻、黃芝麻，營養成分差異不大，黑芝麻富含花青素，整體而言，蛋白質、維生素（A、B_1、B_2、B_6）、菸鹼酸、維生素E、葉酸、鈣等成分的含量都非常高。

其次，芝麻素等抗氧化物質含量也很豐富，據說對於活性氧引起的細胞老化或過氧化脂肪增加等抑制效果不凡。芝麻素等成分輸往肝臟後，有助於降低肝臟部位的活性氧，有效地增進肝臟功能。

芝麻因預防骨質疏鬆、改善貧血、促進脂肪代謝、防止細胞老化、消除便秘、強化肝臟功能、抑制癌症或膽固醇等作用絕佳而成為眾所矚目的食材。

食材資訊（每 10g）

熱量：59.9kcal
主要營養成分：蛋白質 2.03g、脂肪 5.42g、碳水化合物 1.85g　※炒過
產季：全年

柴魚花（鰹魚）

富含各種必須胺基酸成分的高蛋白、低脂肪食材，增強體力效果超群。給狗狗吃時應以極少量為宜。

食材資訊（每 10g）

熱量：35.6kcal
主要營養成分：蛋白質 7.71g、脂肪 0.29g、碳水化合物 0.08g
產季：全年

熬湯小魚乾

有些小魚乾因製作過程中使用鹽水而成為高鈉食材，使用抗氧化劑的情形也很常見，狗狗應儘量避免攝取過量。

食材資訊（每 10g）

熱量：33.2kcal
主要營養成分：蛋白質 6.45g、脂肪 0.62g、碳水化合物 0.03g
※鯷魚乾　產季：全年

綠海苔

鈣質含量為熬湯小魚乾的5倍左右，鐵、礦物質、β胡蘿蔔素都很豐富，是營養滿分的食材，但吃太多時易導致礦物質成分攝取過量。

食材資訊（每10g）
熱量：15kcal
主要營養成分：鈉 340mg、鉀 77mg、鎂 130mg　※風乾
產季：全年

長條狀寒天

含豐富的水溶性膳食纖維成分，因卡洛里低而不會形成熱量，減重、消除便秘、排除有害物質效果俱佳。

食材資訊（每10g）
熱量：15.4kcal
主要營養成分：鈉 13mg、鈣 66mg、鎂 10mg
產季：全年

昆布（真昆布）

其他海藻類亦含甲狀腺素激素的碘成分，攝取後對皮膚、腸胃或肝臟都非常好，不過，給罹患甲狀腺疾病的狗狗吃時則必須請教獸醫師。

食材資訊（每10g）
熱量：14.5kcal
主要營養成分：鈉 280mg、鉀 610mg、鈣 71mg　※風乾
產季：7～9月

海苔（紫海苔）

富含β胡蘿蔔素及形成血液的維生素B_{12}，低熱量且營養價值非常高的食品，但因磷的含量也很高而應嚴禁狗狗攝取過量。

食材資訊（每10g）
熱量：17.3kcal　主要營養成分：鉀 310mg、維生素A（α胡蘿蔔素）880μg、維生素A（β胡蘿蔔素）3800μg　※乾海苔　產季：全年

羊栖菜

強鹼性食品，最適合給體質偏向於酸性的狗狗吃。和含蛋白質、維生素C成分的食材一起給狗狗吃更能發揮效果。

食材資訊（每10g）
熱量：13.9kcal　主要營養成分：鉀 440mg、鈣 140mg、維生素A（β胡蘿蔔素）330μg　※曬乾　產季：全年

海蘿

日本江戶時代的民間藥品，中醫廣泛使用的健康食品，具清血作用，狗狗當然不能攝取過量囉！

食材資訊（每10g）
熱量：14.8kcal　主要營養成分：鉀 60mg、維生素A（β胡蘿蔔素）67μg、膳食纖維 4.31g　※陰乾　產季：全年

和布蕪裙帶菜

素稱「褐藻糖膠」的黏滑成分具排除有害物質、抗病毒、降低膽固醇或血糖值等作用。

食材資訊（每10g）
熱量：1.1kcal　主要營養成分：鈉 17mg、鉀 8.8mg　※生鮮　產季：全年

裙帶菜

只含於褐藻中的藻褐素抗癌作用據說高於β胡蘿蔔素，不過，給狗狗吃時還是少量為宜。

食材資訊（每10g）
熱量：1.6kcal　主要營養成分：鈉 61mg、鉀 73mg、鈣 10mg　※原藻、生鮮　產季：2～6月

油脂類、澱粉類、其他食材

油或脂肪統稱油脂類，油脂成分的脂肪酸種類非常多，其中的必須脂肪酸為體內無法產生，必須從食物中攝取的必要營養成分之一。其次，其他脂肪酸最好也能均衡地攝取。對狗狗而言，澱粉為實質的熱量來源，加熱後即可提昇吸收效果。不過，加熱後在飽含水分狀態下冷藏就會呈現出無法消化的狀態。因此，加熱後應儘量避免置於冷藏或冷凍庫。

橄欖油

具備降低壞膽固醇、清血等作用
最理想的食用油

特級初榨橄欖油含Oleocanthal，據說具抗炎症作用，生食極少量即具備預防過敏或心臟疾病等效果。一般橄欖油則具備降低血中壞膽固醇等清血作用。

橄欖油耐加熱、不易氧化，非常適合用於烹調食物。相較於使用沙拉油，以橄欖油調理的食物更適合有過敏症狀的狗狗吃。

橄欖油的營養成分以油酸、維生素（C、E、D）、鐵、鈣為主，具促進血液循環、維護皮膚健康或抗氧化作用等，非常值得善加利用，但畢竟是油，熱量當然不低，必須留意攝取量，應盡量避免每天、經常使用。其次，以橄欖油烹調的食物不適合服用糖尿病治療藥劑期間的狗狗吃。

食材資訊（每10g）
熱量：92.1kcal
主要營養成分：蛋白質 0g、脂肪 10g、碳水化合物 0g　※特級初榨油
產季：全年

芝麻油

含芝麻素成分，具增加好膽固醇、降低壞膽固醇作用。建議選用冷壓或傳統豆餅榨油方式處理出來的橄欖油。

食材資訊（每10g）
熱量：92.1kcal
主要營養成分：蛋白質 0g、脂肪 10g、碳水化合物 0g　※精製油
產季：全年

菜籽油

因油酸效果而降低血液中的膽固醇，直接使用或加熱使用都OK，建議選用以非基因改造的原料處理出來的菜籽油。

食材資訊（每10g）
熱量：92.1kcal
主要營養成分：蛋白質 0g、脂肪 10g、碳水化合物 0g　※精製油及蔬菜沙拉用油
產季：全年

無鹽奶油

油脂類中消化效果最好，消化率高達97～98％，通常於點心時給狗狗吃，需留意攝取量。

食材資訊（每10g）

熱量：76.3kcal
主要營養成分：蛋白質 0.05g、脂肪 8.3g、碳水化合物 0.02g
產季：全年

澄粉（小麥的澱粉）

取自麵粉的蛋白質麵筋，富含碳水化合物，蒸過後成透明狀態，口感Q彈，適合用於製作點心。

食材資訊（每10g）

熱量：35.1kcal
主要營養成分：蛋白質 0.02g、脂肪 0.05g、碳水化合物 8.6g
產季：全年

太白粉
（馬鈴薯的澱粉）

主要成分為碳水化合物，添加後除可鎖住菜餚的鮮甜味道外，還可將口感處理得更滑順潤口，因此，狗狗吃東西容易噎到時，建議淋上太白粉，將狗食調理得更順口。

食材資訊（每10g）

熱量：33kcal
主要營養成分：蛋白質 0.01g、脂肪 0.01g、碳水化合物 8.16g
產季：全年

葛粉
（葛薯的澱粉）

中藥方面廣泛採用，營養非常豐富的食材。容易消化，最適合用於烹調餐點。建議仔細確認包裝上的標示，挑選葛粉成分為百分之百的產品。

食材資訊（每10g）

熱量：34.7kcal
主要營養成分：蛋白質 0.02g、脂肪 0.02g、碳水化合物 8.56g
產季：全年

玉米粉
（玉米的澱粉）

主要成分玉米的澱粉，添加冷水後加熱就很容易消化，非常適合生病後恢復期的狗狗吃的食材之一。

食材資訊（每10g）

熱量：35.4kcal
主要營養成分：蛋白質 0.01g、脂肪 0.07g、碳水化合物 8.63g
產季：全年

蒟蒻絲
（絲狀蒟蒻）

含膳食纖維、鈣質成分，飽足感十足，但，狗狗吃下後若出現在便便裡，就不太適合再給狗狗吃。調理前務必泡掉澀味。

食材資訊（每10g）

熱量：0.6kcal
主要營養成分：蛋白質 0.02g、脂肪 Tr、碳水化合物 0.3g
產季：全年

冬粉
（綠豆冬粉）

可取代白米，煮給對米過敏的狗狗吃，含綠豆的營養成分的低熱量食材，消炎、解熱效果佳。

食材資訊（每10g）

熱量：34.5kcal
主要營養成分：蛋白質 0.02g、脂肪 0.04g、碳水化合物 8.46g
※乾燥　**產季**：全年

蜂蜜

主要成分為葡萄糖，消化吸收速度快，血糖偏低時喝效果立即呈現。飯前20分鐘左右少量塗抹在舌頭上，即可增加飽足感，最適合給減重期間的狗狗吃。

食材資訊（每10g）

熱量：29.4kcal
主要營養成分：蛋白質 0.02g、脂肪 0g、碳水化合物 7.97g
產季：全年

穀類食譜

希望手作狗食久而久之變得越來越沒有變化的飼主們一定要試試看的穀物菜單。狗狗對豆類食材的消化能力較差的話，建議切碎後調理，或讓狗狗吃豆腐等加工食品以攝取豆類營養成分也不錯。以不同調理方式完成的手作狗食創意食譜也推薦您參考。

※材料係以S（5kg）、M（10kg）、L（15kg）成犬一餐份為基準。

豆拌飯

S 156kcal　M 221kcal　L 286kcal

以一起吃就成為「完全蛋白質」的大豆和糙米為主要食材，加上優良蛋白質來源的鱈魚，調理成蛋白質更豐富的拌飯，還可攝取到脂肪、碳水化合物等成分的卓越食譜。

■材料（1餐份）

	S	M	L
大豆	15g	25g	35g
糙米	40g	55g	70g
鱈魚	40g	55g	70g
牛蒡	20g	25g	30g
綠蘆筍	20g	25g	30g
胡蘿蔔	10g	15g	20g

■作法（必要時間 20分）

1. 大豆浸泡冷水一整晚，吸足水分後水煮。
2. 綠蘆筍和牛蒡分別切成一口大小後燙熟。
3. 鱈魚也燙熟後挑掉魚刺，搗碎魚肉。留下少許煮汁。
4. 胡蘿蔔磨成泥。
5. 將步驟4的胡蘿蔔泥、煮熟的糙米飯、步驟1的大豆一起攪拌均勻，再將鱈魚煮汁約1.5小匙、步驟2的綠蘆筍和牛蒡、步驟3的鱈魚肉一起攪拌均勻，盛盤後即完成。

鮭魚燴豆腐丼

豐富的蛋白質、低熱量。
齊集抗老化和美化肌膚作用的食材。

■材料（1餐份）

	S	M	L
鮭魚	40g	70g	105g
白飯	40g	70g	105g
嫩豆腐	50g	65g	95g
滑菇	20g	25g	30g
綠花椰菜	20g	25g	30g
大白菜	20g	25g	30g
舞菇	20g	25g	30g
葛粉	4g	5g	7g

■作法（必要時間 20分）

1. 大白菜、舞菇、綠花椰菜、豆腐分別切成一口大小。
2. 鮭魚先燙熟，挑掉魚刺後搗碎。
3. 將步驟1的大白菜、舞菇、綠花椰菜、豆腐放入鍋裡，注入冷水至可淹沒食材後烹煮。
4. 將切成一口大小的滑菇和步驟2的鮭魚肉放入步驟3的鍋裡。
5. 將葛粉水淋到步驟4的鍋裡，調好濃稠度。
6. 將白飯盛入狗狗的碗裡，加上步驟5的配料即完成。

S 185kcal M 296kcal L 436kcal

S 148kcal M 245kcal L 353kcal

芝麻粥

具備抗氧化等作用的芝麻粥，營養價值非常高，推薦給任何年齡的狗狗吃。

■材料（1餐份）

	S	M	L
雞胸肉	30g	50g	80g
白飯	40g	70g	105g
蓮藕	20g	25g	30g
青江菜	25g	35g	45g
黑木耳	5g	8g	10g
小番茄	1個	1個半	2個
黑芝麻	3g	5g	8g
高湯	120ml	150ml	200ml

■作法（必要時間 25分）

1. 黑木耳以冷水泡軟後切成細末。青江菜和雞胸肉分別切成一口大小。
2. 將高湯倒入鍋裡，放入步驟1的黑木耳和青江菜、雞胸肉、白飯後烹煮。
3. 適度烹煮後，將蓮藕磨成泥，加入步驟2的鍋裡，然後繼續烹煮。
4. 磨碎黑芝麻，步驟3熄火前加入，再攪拌均勻。
5. 步驟4盛入狗狗的碗裡後，將切成適當大小的番茄擺在上面即完成。

S　146kcal　M　183kcal　L　220kcal

超簡單手作烏龍麵

市售烏龍麵大多含食鹽成分，因此建議將居家自製無鹽烏龍麵納入菜單中。

■材料（1 餐份）

	S	M	L
高筋麵粉	40g	50g	60g
冷水	40㎖	50㎖	60㎖

■作法（必要時間 10 分）

1. 將高筋麵粉和冷水放入調理缽中攪拌均勻，再拿起剪刀將塑膠袋一角減個小孔。

2. 水煮滾後，畫圓圈似地將步驟 1 的麵糊均勻地擠到鍋裡，稍微燙煮至麵糊浮出表面，烏龍麵就完成囉！

S　258kcal　M　349kcal　L　443kcal

雪見烏龍麵（創意做法）

手作的最大魅力為可自由自在地變換出不同的吃法。利用各種粉類揉製色彩繽紛的烏龍麵條吧！

■材料（1 餐份）

	S	M	L
鮭魚	45g	75g	105g
舞菇	20g	25g	30g
西生菜	25g	30g	35g
白蘿蔔	15g	20g	25g
白蘿蔔葉	抓 1 小把	抓 1 小把	抓 1 小把
高湯	120㎖	150㎖	200㎖
高筋麵粉	40g	50g	60g
紫芋粉	10g	12g	15g

■作法（必要時間 20 分）

1. 舞菇和西生菜分別切成一口大小。
2. 將高湯倒入鍋裡，加熱後放入舞菇和西生菜，接著放入鮭魚後煮滾。
3. 將紫色蕃薯粉加入手作烏龍麵的麵糊裡，攪拌均勻後畫圓似地擠到步驟 2 的鍋裡。
4. 步驟 3 鍋裡的鮭魚煮熟後熄火，挑掉魚刺後搗碎魚肉，然後將烏龍麵盛盤。
5. 將白蘿蔔磨成泥狀，加在步驟 4 的烏龍麵上，再撒上一小撮切成細末的白蘿蔔葉後完成。

超簡單手作煎餅

推薦給不想使用膨鬆劑的飼主們參考的手作煎餅做法。

■材料（1 餐份）

	S	M	L
低筋麵粉	50g	60g	70g
蛋液	10㎖	15㎖	20㎖
澄粉	10g	12g	14g
豆漿	60㎖	72㎖	84㎖
橄欖油	0.5㎖	0.5㎖	0.5㎖

S 273kcal　M 331kcal　L 389kcal

■作法（必要時間 10 分）

1. 將低筋麵粉、蛋液、澄粉、豆漿倒入調理缽中，充分攪拌到看不出麵粉球。

2. 平底鍋薄薄地塗抹橄欖油後，加入一杓步驟1的麵糊，以小火煎熟兩面後完成。

S 357kcal　M 436kcal　L 514kcal

煎餅湯（創意做法）

湯裡加入薄煎餅，做法超簡單卻份量十足的一道餐點。

■材料（1 餐份）

	S	M	L
紅色小扁豆	30g	35g	40g
豆漿	60㎖	80㎖	100㎖
蘑菇	20g	25g	30g
巴西里	5g	7g	9g
手作煎餅	S	M	L

■作法（必要時間 25 分）

1. 製作手作煎餅。
2. 蘑菇切成一口大小的片狀，薄煎餅切成一口大小。
3. 巴西里切成細絲。
4. 鍋裡注入適量冷水，加熱後倒入紅色小扁豆後烹煮。
5. 步驟4的紅色小扁豆煮熟後，放入步驟2的蘑菇片和薄煎餅。
6. 步驟5的蘑菇片煮熟後加入豆漿，然後熄火。
7. 盛入狗狗的碗裡，加上步驟3的巴西里即完成。

不甜的手作狗狗甜點

S 37kcal　M 64kcal　L 91kcal

葛煮蘋果

■材料（1餐份）

	S	M	L
蘋果	40g	60g	80g
小米	2.5g	5g	7.5g
葛粉	2g	4g	6g
冷水	適量	適量	適量

■作法（必要時間 15分）

1. 將小米裝入小網杓等微微地沖洗乾淨，再倒入冷水鍋裡加熱。
2. 煮滾後放入切成梳子狀的蘋果，以中火繼續烹煮3分鐘。
3. 將葛粉水淋在步驟2上，調出濃稠度。
4. 將步驟3的蘋果倒在盤子裡，加上小米，淋上葛粉水調成的芡汁後完成。

螺旋狀香蕉煎餅

■材料（1餐份）

	S	M	L
香蕉	30g	40g	50g
低筋麵粉	20g	30g	40g
澄粉	5g	7g	10g
蛋液	5mℓ	8mℓ	10mℓ
豆漿	45mℓ	67mℓ	90mℓ
橄欖油	1mℓ	1mℓ	1mℓ

■作法（必要時間 15分）

1. 將高筋麵粉、蛋液、澄粉和豆漿倒入調理缽中拌勻，調成麵糊，倒入抹好油的平底鍋裡，煎成麵餅。將剩下的麵糊倒入塑膠袋裡，擠成螺旋狀後煎熟，香蕉切成一口大小後放入鍋裡煎一煎。
2. 依序將煎餅、煎過的香蕉、螺旋狀煎餅盛盤後完成。

S 161kcal　M 230kcal　L 302kcal

S 56kcal　M 74kcal　L 92kcal

草莓豆漿凍

■材料（1餐份）

	S	M	L
草莓	1個半	1個半	1個半
豆漿	60mℓ	80mℓ	100mℓ
葛粉	6g	8g	10g
冷水	18mℓ	24mℓ	30 mℓ

■作法（必要時間 15分）

1. 把豆漿倒入鍋裡加熱，煮滾後轉小火，邊淋上葛粉水、邊攪拌成糊狀。
2. 將步驟1倒入模型裡，凝固前就將切成適當大小的草莓擺在中間，好讓草莓沈入葛粉凍裡，然後擺在常溫狀態下慢慢地冷卻。
3. 將步驟2放入冰箱裡冷卻一晚，盛盤後以剩下的草莓為裝飾。

希望為愛犬精心烹調吃起來不會太甜的點心，問題是吃太多點心的話，狗狗很容易攝取到過多的熱量，因此，除了主食外，必須想辦法將一天的必要熱量控制在20%以內。

薄煎餅豆腐腦捲

■材料（1餐份）

	S	M	L
草莓	1個半	1個半	1個半
低筋麵粉	15g	20g	25g
蛋液	2mℓ	3mℓ	4mℓ
板豆腐	20g	30g	40g
豆漿	2mℓ	3mℓ	4mℓ
橄欖油	0.5mℓ	0.5mℓ	0.5mℓ
冷水	30mℓ	40mℓ	50mℓ

■作法（必要時間 15分）

1. 木棉豆腐瀝乾水分後連同豆漿一起研磨攪拌勻，處理成豆腐腦。
2. 將太白粉、冷水、蛋液倒入調理缽裡攪拌均勻，再利用抹好油的平底鍋煎熟，然後擺好豆腐腦，再加上切成適當大小的一顆份草莓後包好，完成薄煎餅豆腐腦捲。
3. 將薄煎餅豆腐腦捲擺在盤子裡，加上剩下的草莓後完成。

S 81kcal　M 109kcal　L 137kcal

S 54kcal　M 72kcal　L 92kcal

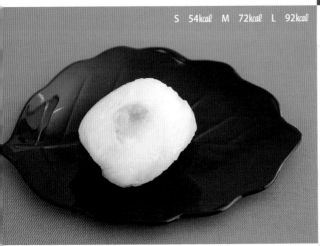

南瓜水晶丸

■材料（1餐份）

	S	M	L
南瓜	3.5g	5g	10g
葛粉	15g	20g	25g
冷水	60mℓ	80mℓ	100mℓ

■作法（必要時間 15分）

1. 南瓜切小塊後煮熟，再趁熱處理成泥狀。
2. 依記載份量用冷水溶解葛粉後倒入鍋裡，邊加熱、邊迅速攪拌均勻。
3. 熄火後，將步驟2的葛粉中央捏個凹洞，塞入步驟1的南瓜，然後擺在保鮮膜上，像包糖果似地捏緊兩端，避免燙傷手，墊著布巾等，用手捏成丸子狀後完成。

手作麩菓子

■材料（1餐份）

	S	M	L
麩皮	5個	7個	10個
蛋白	6mℓ	8mℓ	11mℓ
角豆粉	20g	28g	40g

■作法（必要時間 20分）

1. 將蛋白和角豆粉攪拌均勻後加入麩皮，讓麩皮沾滿角豆粉。別沾太多以免失去脆脆的口感喔！
2. 放入160℃的烤箱裡烤6分鐘後翻面再烤2分鐘，取出後擺在簍子裡冷卻後即完成。

S 57kcal　M 80kcal　L 115kcal

關於油

油是肥胖的元凶？油很容易讓人留下這樣的壞印象。事實上，油是營養成分進入一個個細胞裡、細胞膜交換資訊或荷爾蒙調節身體機能時至為重要的介質。是的，油是人們生存過程中絕對不可或缺的物質。

重點在於油的攝取方式

當然，絕對不能攝取過量，最好均衡地多攝取幾種油脂成分。

【不飽和脂肪酸】

體內無法合成，必須從飲食上攝取的是被稱之為必須脂肪酸（不可或缺的脂肪酸）的成分，可大致分成以下兩種型態。

n-6型脂肪酸（亞麻油酸、花生四烯酸）

● 玉米油、紅花油、大豆油、葵花油、芝麻油

狗狗經常吃肉就會攝取到較多的油脂成分，缺乏時易導致發育不良、皮膚發炎等，攝取過量則易出現脂質異常、動脈硬化或炎症惡化等情形。

n-3型脂肪酸（α-次亞麻油酸、EPA、DHA）

● 魚油、紫蘇（荏胡麻）油、亞麻仁油

容易氧化，不適合加熱，經常吃魚的狗狗會攝取到較多份量，具備降低壞膽固醇、提昇免疫力、抑制炎症等作用。

加熱調理時建議以n-9型取代n-6型做更充分地運用。

n-9型脂肪酸（油酸）

● 橄欖油、菜籽油、芝麻油（芝麻油含n-6型和n9型）

使用方便，不會影響及n-6型和n-3型，具備降低壞膽固醇、預防動脈硬化等作用。

【飽和脂肪酸】

● 奶油、豬油等動物性脂肪

不易氧化，適合加熱。易堆積壞膽固醇，攝取過量時易引發肥胖、高脂血症、動脈硬化。

用油時的注意事項

已經氧化的油為健康大敵，留意以下事項，避免使用已經氧化的油。

● 經過熱處理的油，從處理過程中就開始氧化，因此，最好選用不經過熱處理的冷壓（低溫榨取）或傳統豆餅壓榨方式處理出來的油。

● 使用預防氧化效果更好的遮光瓶罐或開口較小的容器，存放在陰涼的場所。

● 開封後儘量在一個月內用完。

● 了解耐熱或不耐熱等特性，依據調理方式區分用油。

這時候該給狗狗吃的
食材 & 餵食法備忘錄

「易消化食材」的餵食法

狗狗吃下不易消化的食物後，大部分熱量都因為消化活動而消耗掉。給狗狗吃容易消化的食物即可減輕胃部負擔，讓更多的熱量供生命活動使用。尤其是狗狗生病時，必須靠熱量才能治癒疾病，因此，應積極地給狗狗吃容易消化的食物。

食材清單

山藥、小扁豆、麩（不使用膨鬆劑、小蘇打）、雞里肌肉、白蘿蔔、麥片、豆腐、豆腐渣、白肉魚、蕪菁（蕪菁葉不易消化，最好打成汁液）、馬鈴薯

以留在胃裡的時間較短，不會造成消化器官或粘膜負擔的食材最理想。其次，為了增進消化及充分考量消滅細菌等效果，原則上應經過加熱調理。就像人們感冒時吃稀飯，幾乎熬煮到變形的食物就是最容易消化的食物。因此，挑選給狗狗吃的食材時，最好選用可煮得非常軟爛的食材。

牢記給狗狗吃的時機

必須給狗狗吃容易消化的食物之時機為獸醫師診斷後表示狗狗出現胃部不適、消化不良、胃腸發炎等症狀時，或狗狗出現腹瀉等症狀、身體狀況異常、禁食後（含禁食治療後）。生吃（生蔬菜）或油都不容易消化，生肉或未煮過的魚貝類都含細菌，都必須加熱調理後才可給狗狗吃。

調理成易消化狀態

為了減輕消化器官之負擔，必須調理成最容易消化的狀態，建議調理方式為煮粥或做成茶碗蒸等。烏龍麵為公認最容易消化的食物，不過，狗狗假使沒有咀嚼過就吞下肚，反而可能成為不容易消化的食物。因此，任何食材都必須煮到幾乎失去原來形狀為止。

儘量避免使用不易消化的食材

富含膳食纖維成分的食物通常為比較不容易消化的食材，海藻（海苔等）、蕃薯、菇蕈類、糙米（煮粥則沒關係）等就是不太容易消化的食物。不過，膳食纖維是調整腸內環境的必要成分。平常應積極地給狗狗吃，必須給狗狗吃好消化食物期間則給少量，做適度的調整。

要點

天天都給狗狗吃容易消化的食材也不行，因為吃下容易消化的食物後，吸收比較快，血糖質也跟著上升，結果，吃飯後胰島素分泌特別旺盛，反覆出現此情形，糖尿病的風險就會升高。重點是狗狗沒有身體不舒服的話，就該讓狗狗均衡地攝取膳食纖維或各種食物。其次，不容易消化的蔬菜類或根莖類加熱後才給狗狗吃就會變得很容易消化。加熱後維生素C或酵素易遭受破壞，有些飼主難免會擔心，事實上，狗狗體內可以合成這類營養素，不足的話才需補充，絕對沒問題。

「胃腸保健食材」 的餵食法

狗狗的腸胃功能正常時，營養素之消化、吸收或排出就很順暢。其次，腸道素有「最大免疫器官」之稱，免疫力下降時，腸道的健康狀況也會變差。因此，應儘量給狗狗吃本單元中介紹的食材以維護腸胃健康，讓好不容易才吸收的營養成分做更充分的運用。

=== 食材清單 ===

紫蘇、高麗菜、白蘿蔔泥、葛粉、鷹嘴豆、昆布、芝麻、蘋果泥、蕪菁、蕃薯、蜂蜜、納豆（不可加熱）、香蕉、大白菜、益生菌食品（包裝上記載活菌，吃下後可到達腸道等部位的產品）

相較於其他食材，這類食材的熱量比較低，因此是日常飲食最好能積極攝取的食材。因為，攝取這類食材後即可促進胃腸等消化器官的正常運作，讓養分之吸收或代謝更順暢，對於其他內臟器官都會有好的影響。只吃一種也OK，建議多花些心思，廣泛納入菜單中。

因物制宜
當做配料也不錯

芝麻、昆布、葛粉等……這些都不是狗狗該大量食用的食材，當做配料則沒問題，而且反而能經常給狗狗吃。芝麻等種子類或穀類表面磨損的那一剎那起就開始氧化，因此建議吃之前才碾磨。

蛋白質分解酵素含量高
的水果必須特別留意

糖醋里肌加鳳梨，肉質就會變得更軟嫩，因為鳳梨為蛋白質分解酵素含量非常高的水果。不過，內臟為細胞的結合，分解酵素過高時易造成胃部負擔，因此，需要以水果為食材時，建議選用不含蛋白質分解酵素的香蕉之類的水果。

胃部隨時
都在工作著

胃具備分解蛋白質或防止細菌等入侵人體的功能。胃部功能變差時，易引發消化不良，影響其他內臟器官，變得無法充分地吸收營養素。因此，攝取本單元中介紹的食材有助於維護腸胃健康。

要點

營養管理的目的並非單純地將好的食物攝取入體內，而是指包括促進新陳代謝，確實地排泄等的整個過程。尤其是腸道，腸道為最大的免疫器官，透過飲食維護腸道健康才是營養管理的重點工作。其次，利用膳食纖維促進排便，預防腸道內產生有害氣體，將腸道調理成有助於好菌生存的絕佳狀態。因此，日常生活中可透過「排氣（放屁）」來確認腸道內環境狀況。一天排氣三次左右即屬正常，超過三次即表示腸道內環境異常。所以，食物過敏的狗狗特別會排氣。

「具備溫熱身體作用食材」的餵食法

體溫下降，免疫力也會隨著下降。亦即：為了提昇免疫力，應儘量避免給狗狗吃了之後會降低體溫的食材。不過，炎炎夏日等狀況下狗狗還是需要排放熱氣，因此，日常生活中飼主們必須隨時確認氣溫或愛犬的體溫狀況，挑選可讓狗狗溫熱身體或冷熱適中（不冷不熱）的食材。

=== 食材清單 ===

牛蒡、胡蘿蔔、蓮藕等根莖類，葛粉、南瓜、芝麻、稗米、小松菜、羊栖菜、雞肉、生薑、蕪菁、黑米、巴西里、羊肉、鹿肉、鮭魚、山藥等顏色較深或暖色食材通常為具溫熱身體作用的食材，在泥土裡長大的根莖類通常本身就會儲備熱量，亦具備溫熱身體作用。相反地，夏季蔬菜等本身不會儲存熱量，都是朝著太陽生長，吃下後則具備降低體溫作用。比較後即可清楚地看出，水分較少、質地較硬的食材具溫熱身體作用，油分或水分含量較高的食材具降低體溫作用。

冷買食材透過精心烹調也能產生不同的變化

小黃瓜或番茄等就是具降低體溫作用的夏季蔬菜，不過，假使避免吃這類蔬菜，使用食材就很容易受到限制，因此建議經過加工或加熱。其次，和具備溫熱身體的食材一起給狗狗吃效果也很好。總之，最重要的是必須打造一個營養均衡的良好飲食生活。

最理想的是既不偏冷、也不偏熱的食材

糙米、玉米、芋薯類、大豆、白肉魚、豬肉、野豬肉、鵪鶉蛋、蘋果、草莓、白木耳、高麗菜、芋頭、蠶豆等「冷熱適中」的食材就是既不偏冷、也不偏熱，隨時都可給狗狗吃的食材，其中大部分為黃色～淺咖啡色，但需避免狗狗攝取過量。

建議給狗狗吃溫熱的食物避免餵食冷颼颼的食物

給狗狗吃的食物大部分為已經完全冷卻的食物，事實上，吃下溫熱的食物後，狗狗的身體才會覺得暖洋洋。絕對不能給狗狗吃太燙的食物，狗狗最喜歡的溫度為38℃左右，亦即：將人體溫度的食物拿給狗狗就不會有問題。相較於涼掉的食物，溫熱的食物具備提昇適口性等效果。

要點

羊栖菜屬於比較不容易消化的食材，因此建議切碎後才給狗狗吃。其次，山藥含草酸鈣，接觸到皮膚就會發癢，該成分堆積時可能導致體內出現結石症狀，因此建議清洗乾淨後才調理。生薑為刺激性強勁的食材，打成薑汁後的適當用量為1～2滴。需要強化以消除虛冷現象的營養成分為優良蛋白質、鐵質、礦物質類、維生素（E、C、B群）。此外，冰涼飲料應儘量避免，最好加熱後才給狗狗喝。調理日常飲食之際，從可溫熱身體的食材方面多下點功夫可說是打造健康體質的第一步。

「促進新陳代謝食材」的餵食法

皮膚在一定的週期內就會再生，這種新陳代謝現象就叫做皮膚新陳代謝（Turnover），健康狗狗的皮膚新陳代謝週期約20天，高齡犬為20天以上，但，皮膚持續出現發炎等症狀時，代謝週期就會縮短為5～10天左右，而且皮膚變薄，對於刺激變得很敏感，皮膚的保護作用就會下降。

食材清單

糯性黍米、亞麻仁油、紫蘇油、糙米、芝麻、白木耳、昆布、羊栖菜、大豆（包括大豆加工食品，避免使用鋁罐裝或含添加物、鹽份的產品）、小紅豆、茼蒿菜、番茄、玉米、南瓜、紫蘇、鮭魚、豆腐、豆漿、黃豆粉等

番茄、南瓜、藍莓、玉米等食材中含多酚（尤其是花青素）或類黃酮等促進新陳代謝效果特別好的成分；芝麻、糙米、糯性黍米、大豆中含鋅等打造細胞的必要成分；亞麻仁油、紫蘇油含形成優質細胞膜的α-次亞麻油酸。

一起攝取硒和α-次亞麻油酸吧！

亞麻仁油或紫蘇油含人體最容易缺乏的α-次亞麻油酸，是抑制皮膚炎症的原料，給狗狗吃時切勿加熱，必須觀察狗狗的皮膚狀況。搭配白木耳、鮭魚、昆布等含硒成分的食材，即可促進形成皮膚最需要的膠原蛋白成分。

積極攝取生物素以維護毛皮健康 確實做好紫外線防護措施

狗狗應積極地攝取維生素B群中新陳代謝促進效果最好，攝取後有助於維護皮膚健康，富含生物素的大豆、玉米或番茄等食材。其次，對於紫外線影響而產生的活性氧具絕佳分解效果的番茄（須加熱調理）、茼蒿菜、南瓜等也都是非常值得推薦的食材。

積極攝取蛋白質成分以維護毛的健康

希望維護皮毛健康或長毛犬應多攝取蛋白質成分。進入換毛期，尤其是重新長出新毛時期，更應讓狗狗多吃大豆、羊肉、牛肉、雞肉等以補充優良蛋白質成分，好讓狗狗的毛長得更健康漂亮。當然，先決條件是必須做好皮膚的保養工作。

要點

亞麻仁油或紫蘇油比較不耐熱，最好選用不經過熱處理的冷壓（低溫榨取）或傳統豆餅壓榨方式處理出來的油，懷著使用調味料的感覺添加入餐點中效果會更好。其次為容易氧化問題，務必放入具遮光效果的瓶罐裡，飼主們的飲食中亦可善加利用，最好於6星期內吃完。大豆為比較不容易消化的食材，因此，給狗狗吃時務必烹煮到非常軟爛，或給狗狗喝豆漿、吃豆腐等加工食品以補充這部分養分。豆類和糙米一起吃可大幅提昇營養均衡度，再撒上芝麻更好。以上介紹的食材最好能積極地給需要維護健康的狗狗吃。

「具備排毒效果食材」的餵食法

有害物質不斷地在體內堆積，抵抗力就會越來越差，甚至成為引發疾病的導火線，尤其是冬季期間，代謝能力通常比較弱，可說是體內最容易堆積老舊廢物的時期，春天則是排毒效果最好的季節。建議每週一次，定期攝取本單元中介紹的食材，像是春季大掃除似地，好好地將體內的毒素清乾淨。

食材清單

糙米、beet（甜菜根）、牛蒡、蘋果、芝麻、大白菜、綠花椰菜、番茄、蘿蔔乾、黑木耳、黍米、蘆筍、大豆、雞胸肉、牛肉、羊肉、麵粉、鮭魚、黑豆、黑米等

以上食材特徵為都含具清潔血液、促進排毒、確保腸道內細菌平衡、抗氧化（預防身體生鏽）以及免疫相關蛋白質等成分。給狗狗吃這類食材的主要目的為排毒，因此建議選購不含農藥、有機栽培的食材。其次，葉片經過燙煮，肉類去除脂肪等調理時多加一道手續效果更好。

排出毒素比 100% 阻斷毒素更重要

香煙的煙、殘留的農藥、鋁製餐具等釋放出來的有害礦物質、廢棄或戴奧辛釋放出來的有害化學物質、積存在體內的毒素……我們的生活周遭存在著數不盡的毒素，想盡辦法維護健康，依然無法完全地阻斷毒物入侵，因此建議將重點擺在排毒上。

給狗狗吃具備「螯合效果」的食材吧！

可與鉛、水銀、砷、鎘等有害物質結合後一起排出體外的效果就叫做「螯合效果」，綠花椰菜、蘆筍、芝麻、生薑、豬肉等食材即具備此效果，其次，這類食材和含鋅食材一起吃即可大幅提昇螯合效果。

設法排除腸道內毒素把身體調到最佳狀態

因生活環境紊亂、長期累積壓力或受到有害物質等因素之影響，腸道內壞菌滋生，出現便秘、腹瀉，乃至宿便（老舊廢物）無法排出，體內不斷地產生毒素，抵抗力就越來越弱，出現這種情形時，據說攝取有「解百毒」之稱黑豆、含果糖的食材、黑芝麻、黑米的改善效果最好。

要點

特徵為脂肪是最容易堆積有害物質的部分，因此，購買肉品時建議買脂肪較少的部位。其次，蔬菜最好燙掉澀質後調理，切片的魚肉則以熱水沖淋外皮部分，處理成霜降狀態後才調理，多花一道手續，儘量排除有害物質吧！繼而，食材「焦掉」就成了氧化物質，調理時應儘量避免把食物煮焦掉。確實排除毒素即可維護腸道健康，排便自然恢復正常，排氣次數就會出現變化，恢復為一天3次左右。出現以上情形時即證明攝取的營養成分確實地發揮作用了。

注射疫苗或服藥後之排毒

狂犬病預防接種、服用疫苗或犬絲蟲病藥劑，狗狗攝取的藥物多於人類，儘管都是預防疾病上絕對不可或缺，最好還是及早將進入體內的毒素排出體外。因此建議積極地讓狗狗攝取營養素，以便在不會造成內臟器官負擔狀況下，促使毒素順利地排出體外。

═══ 食材清單 ═══

葛粉（不是太白粉喔！具整腸及淨化肝臟、腎臟作用）、小紅豆（利尿作用、排除老舊廢物）、松子或黑芝麻（富含鋅成分，促進肝臟或腎臟排毒）、香草或雜糧、大麥、押麥、稗米、小米、蘿蔔乾、凍豆腐（排出有害礦物質）、海藻、糙米豆類（富含膳食纖維成分，排毒效果絕佳）、香蕉（調節腸道內環境、抗氧化作用）、牛蒡（清除淋巴系統或肝臟中毒素、修復腎臟機能）

預防接種後 1 星期內或服藥後積極地給狗狗吃這類食物以促進毒素排出體外吧！

■超簡單的排毒食譜

排毒稗米粥

■材料（體重 10kg、1 次份、219kcal）
稗米 40g、大豆 50g、芋頭 30g、杏鮑菇 25g、蘿蔔乾 10g、胡蘿蔔 15g、高湯 150ml

■作法（必要時間 25 分）
1. 大豆洗淨，浸泡冷水一整晚後煮軟。稗米微微洗淨後以高湯熬煮成粥。
2. 蘿蔔乾以冷水泡開後切成粗末，杏鮑菇切成一口大小。芋頭去皮，沖洗掉黏液後切成一口大小。
3. 利用高湯烹煮步驟2的食材。
4. 芋頭煮軟後，將步驟1的大豆加入步驟3的鍋裡，然後攪拌均勻。
5. 將步驟4盛入狗狗的碗裡，將胡蘿蔔磨成泥後加在上面。

排毒糙米粥

■材料（體重 10kg、1 次份、273kcal）
凍豆腐 30g、糙米 55g、牛蒡 25g、羊栖菜 20g、白蘿蔔葉 15g、白蘿蔔 15g、高湯 150ml。

■作法（必要時間 20 分）
1. 糙米煮軟，羊栖菜以冷水泡開，凍豆腐磨成粉狀。牛蒡切成小小的扇形片狀。
2. 將高湯倒入鍋裡，放入步驟1的所有食材後熬煮成粥。
3. 趁熬煮步驟2空檔，將白蘿蔔葉切成粗末。
4. 步驟2的粥熬好後盛入狗狗的碗裡，加上白蘿蔔泥和白蘿蔔葉後完成。

黑豆茶

■材料（體重 10kg、2 次份）
品質優良的日本國產黑豆 20 粒

■作法
1. 黑豆用冷水沖洗乾淨後倒在簍子裡瀝乾水分，然後倒入不鏽鋼鍋（目的為排毒，應儘量避免使用鐵弗龍、鋁製、鐵製鍋具）裡煮約1分半鐘。
2. 加入黑豆兩倍的冷水，再次加熱。
3. 蓋上鍋蓋，水燒乾後加水，繼續烹煮。
4. 黑豆煮軟後完成，撈出黑豆，擺在常溫狀態下冷卻後才給狗狗喝。

「高齡犬滋補強身食材」的餵食法

狗狗一生中有一半以上的時間為高齡期。邁入高齡期後，狗狗的活動量或代謝速度都會下降，相較於高齡期以前的成犬期，維持身體的必要熱量約減少20～30％，因此，對於狗狗該攝取的熱量必須有更充分的考量。建議先降低脂肪成分攝取量以免狗狗攝取過多熱量。

食材清單

小松菜（溫熱身體、強健皮膚）、南瓜（增強免疫力、恢復疲勞）、蓮藕（滋補強身、消除便秘）、白蘿蔔（富含膳食纖維）、牛蒡或菇蕈類（增進免疫力）、胡蘿蔔（改善虛冷、貧血及恢復疲勞）、海藻（清血）、黍米或裙帶菜（促進新陳代謝）、黑米（滋養強身、造血作用、抗氧化作用）、小扁豆（富含礦物質類成分）、山藥（促進消化）

狗狗因消化或代謝機能下降而發胖，唾液分泌量減少而食慾大振，直腸活動力下降而引發便秘……建議挑選有效消除上述現象的食材。

選用含優良蛋白質、低脂肪、易消化的食材

除可防止骨骼肌消失外，為了增進抵抗力也必須充分地攝取胺基酸。狗狗味覺降低或食量銳減，必須設法讓狗狗攝取優良的蛋白質。此外，因狗狗的脂肪代謝能力下降，應以低脂肪的食材比較理想，建議選用瘦肉、腿肉或里肌肉。

了解狗狗的喜好
必要時即可立即派上用場

狗狗邁入高齡期之後，易因手術等因素之影響，體力或精力都大不如前，食量也越來越小或因味覺變遲鈍而只肯接受特定的味道。出現這種情形時，飼主應深入了解愛犬的飲食喜好，設法促進狗狗的飲食興趣。

太多太少都會造成困擾的各種營養素

相較於成犬期，狗狗邁入高齡期後對於維生素的需求更為殷切，相對地，磷的攝取量太多時易造成腎臟機能之負擔，所以，應儘量避免讓狗狗吃太多或每天吃雞里肌肉、乾貨等磷成分含量較高的食材，其次，控制鹽份之攝取也非常重要。

要點

狗狗邁入高齡期後因應各種變化的能力越來越差，因此更容易產生壓力，導致食慾減退的情形極為常見，飼主們應儘量避免搬家或再飼養其他狗狗等而使環境大幅變遷，或因斷食等致使狗狗的飲食生活出現太大的變化。其次，高齡期狗狗的飲食應著重於品質，狗

狗若從小就習慣於垃圾食物或糕點類食品等味道，出現食慾減退等現象時，有些狗狗只肯吃該類食物，根本無法攝取到必要的養分，飼主最好在狗狗邁入高齡期之前就針對營養層面，確實地為狗狗規劃好良好的飲食型態。

效果最好的
水分餵食法

「相較於吃市售狗糧，狗狗的喝水量明顯減少」，這句話經常耳聞，是的，手作狗食本身的含水量的確比較高，狗狗從食物中的確攝取到較多的水分。不過，直接從飲水中攝取礦物質成分也很重要喔！建議飼主們學會誘發狗狗喝水慾望的好本事。

狗狗一天內必須攝取的水分基準量和必須攝取的熱量一樣。例如：一天攝取200kcal熱量的狗狗，一天內的水分攝取量必須以200mℓ為大致基準。不過，有些餐點或食材的含水量本來就比較高，因此，手作狗食的水分確實很難拿捏。不管怎麼做都覺得狗狗的水分攝取量不太夠時，那就想辦法讓狗狗喝水吧！容易缺乏水分的夏季期間更應讓狗狗多喝水。其次，狗狗比較不喜歡喝水的冬季期間、飼養口渴感覺比較遲鈍的高齡犬時，飼主們必須更積極地促使狗狗喝水。不過，有些狗狗一旦缺乏水分就更不肯喝水，出現這種情形時則絕對不能過度勉強狗狗喝水。

水≠冷水　事實上，狗狗比較喜歡喝溫水	以狗狗最喜歡的風味誘發狗狗喝水的慾望！	把人們所謂的「茶」煎煮成適合狗狗喝的水

有些狗狗不太喜歡喝水，不過，把水加熱至人體溫度後卻大口大口地喝水，大致加熱基準為38℃，將熱開水對上冷開水即可輕易地調出適當的溫度。不過，碰到喜歡喝溫水的狗狗時，不管給牠多少水可能都會喝光光，碰到這種情形時必須適度地拿捏給水量。

另一個推薦做法為少量添加狗狗最喜歡吃的肉類、魚類或蔬菜類的煮汁等水分，但必須確定不會影響及熱量之攝取，建議從「水10～15」：「風味1」的比例開始添加起。讓柴魚花（鰹魚）漂浮在水面上或將一小塊狗狗最喜歡吃的食材沈入裝著水的大碗裡效果也都非常好。

如同人們喜歡喝茶，幫狗狗煮最安全的飲料最有效，誠如P 87的做法，除黑豆茶（具排毒效果）外，給狗狗喝蜆湯（必須吐沙。具護肝作用）、蔬菜的煮汁等，都是既不會增加熱量，又可增添風味的給水訣竅。對於不喜歡喝淡而無味的開水的狗狗非常值得一試。

要點

吃飯前喝水，狗狗的胃液可能因食物的味道而沖淡，對消化易造成負面的影響。因此，吃飯前後3小時之內應避免給狗狗喝水，最好介於兩餐之間。其次，夏季期間因廁所近在眼前，睡覺前也應儘量必須給狗狗喝水，因為狗狗喝水後半夜醒來的話可能妨礙到睡眠。相反地，水分攝取過量，出現「多尿」情形時也必須留意。狗狗早上起床後排尿時若大量排出透明的尿液，就必須請教獸醫師。碰到無論如何都不肯喝水的狗狗時，建議將食物調理成湯狀，讓狗狗於吃飯時一起攝取水分。

食物過敏的基本知識

家蟎、黴菌、棉絮、樹木等過敏因素千百種，
和製作狗食息息相關的是狗狗攝取食物或食品添加物後出現的食物過敏症狀，
因為食物過敏問題而開始動手為狗狗烹煮食物的飼主們非常多，
建議透過本單元先了解一下食物過敏的原因和症狀吧！

食物過敏的原因

「過敏」係指起因於人體對無害或害處極低的異物出現過度的免疫反應之狀態。食物過敏主因為食品中的蛋白質成分，當然必須去除引發過敏的物質才能有效地避免出現該症狀，不過，另一個值得參考的作法為設法讓狗狗適應各種食物以避免出現過敏反應。

常見的食物過敏症狀

• 皮膚症狀

皮膚症狀為最常見的過敏症狀，可大致分成接觸性或季節性等症狀，而出現食物性過敏症狀時，通常會伴隨搔癢症狀，引發非季節性皮膚炎，併發消化器官症狀。易出現症狀的部位為手腳、顏面、鼠蹊部、會陰部、臀部、耳朵等，和異位性皮膚炎很難區分，診斷上相當困難。過敏患者中一歲前發病者約佔1／3，六個月以下出現皮膚疾病時，食物過敏的可能性高於異位性皮膚炎，出現搔癢症狀的部位易因狗狗撓抓或嘴舔而使發炎症狀更加重，甚至出現掉毛或變色等情形，絕對不能掉以輕心。

• 消化器官症狀

包括離乳期的幼犬時期，出現消化器官症狀的年齡範圍較廣，主要症狀如胃部和小腸功能異常、大腸炎等、嘔吐或腹瀉。腹瀉時可能大量排出水漾性、黏液狀或出血性便便。其次，食物過敏狗狗的腸道內環境通常比較差，因此，排氣次數較多且味道較臭。

• 過敏性休克

過敏性休克為急性且出現全身性的重度過敏反應，易引發呼吸困難、血壓偏低、四肢無力、距離心臟較遠的後腳等更無力，不久後前腳也越來越無力，最後引發休克症狀。血糖值繼續降低的話，甚至陷入危及性命的重大危險狀態之中，必須及早送進動物醫院做最適當的處置。

有效避免狗狗出現食物過敏症狀的步驟

STEP 1

出生環境影響至鉅，幼犬經由產道出生後，因母犬關係而自然地形成抵抗腸道內細菌的抗體，母犬因動物本能，顯然知道剛生下來的幼犬尚未形成其他抗體而隨時守護著幼犬，相當長的時間內絕對不容許人們接觸到幼犬。近年來則不一樣，人們的手接觸初生狗狗的情形越來越普遍，因此，具相關研究推論，受黃色葡萄球菌等隨時存在人們手上的細菌之影響，很可能是狗狗出現過敏體質的主要原因。因此，建議碰觸幼犬前一定要把手洗乾淨，確實做好防範對策。

STEP 2

狗狗出現過敏症狀後，建議從環境或飲食等方面開始檢討起，最重要的是應極力避免狗狗偏食。狗狗的過敏症狀完全是因為過去的飲食而引起，因此，必須請教獸醫師，徹底改善日常飲食。邊改變、邊觀察狀況以便找出最適合愛犬的食物，觀察狗狗的排便情形、接受健康檢查以了解狗狗飲食是否恰當，隨時評估狀況。

STEP 3

依序剔除可能引發過敏反應的食材後發現依然無法排除過敏症狀的情形也相當常見。因此建議在避免引發過敏反應狀況下少量多次地給狗狗吃吃看，找出適合狗狗吃（不會出現反應的量）的份量，好讓狗狗漸漸地產生適應力，形成不會引發過敏反應的體質（運用挑戰試驗），不過，這是一項非常危險的方法，飼主們絕對不能擅自判斷，必須在獸醫師的指導下採行。

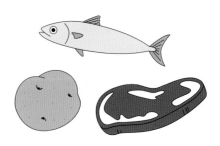

避免狗狗出現食物過敏症狀的良好飲食生活

有食物過敏困擾的狗狗越來越多，為了改善該情形，
飼主們選擇「手作狗食」的情形越來越普遍。
食物過敏為無法根治的疾病，不過，若能讓狗狗吃不會引發過敏症狀的食材調理的餐點
（去除過敏食物），即可有效地避免狗狗出現過敏症狀。

除出現食物過敏症狀外，還併發異位性皮膚炎等症狀時，該症狀也可能是受到生活環境之影響，因此，必須同時檢視飲食生活與生活環境，和獸醫師深談，耐心地持續為狗狗治療。其次為生活必須規律，一天到晚待在家裡，長期過著慵懶的生活，事實上，對狗狗而言不是很好，因為副交感神經比自律神經（分為交感神經和副交感神經）強勢時，就很容易出現過敏症狀。季節（冷、熱）的感受力對自律神經也非常重要，必須適度地讓狗狗透過運動，活動活動身體。

避免狗狗再次引發食物過敏症狀的飲食生活

1. 以「新奇蛋白質」為食材

「新奇蛋白質」係指狗狗未曾攝取過的蛋白質。一星期給狗狗吃一種，再仔細觀察攝取後狀況，即可測試出是否會引發食物過敏症狀，測試時請務必清楚記下狗狗吃過哪些食物，再依據記錄找出哪些食品引發過敏症狀，對某種食品感到有疑慮時立即請教獸醫師，請醫師幫忙辨別是否該納入排除對象。該記錄將成為判定狗狗是否每天正確地攝取均衡營養的重要依據。狗狗出現食物過敏症狀後，必須從日常飲食中攝取一定的熱量、蛋白質等成分，建議隨時透過飲食記錄調整營養均衡度。

2. 避免連續給狗狗吃相同食物長達兩星期

狗狗體內形成抗體的時間據說至少必須2星期，由此可見，多花點功夫，儘量避免連續給狗狗吃相同的食物長達2星期，即可避免狗狗體內再次形成抗原而引發食物過敏症狀，當然，更重要的是應極力避免狗狗再次形成過敏原。

3. 選用可迅速排出（避免長時間存在體內）的食材和調理方式

儘量縮短食材待在腸道內的時間，即可降低過敏體質的狗狗接觸過敏原的機會。建議將不容易消化的食材處理得很好消化後，才給消化能力較差的狗狗吃或避免持續給狗狗吃相同的食物。

4. 覺得食物不太新鮮就避免給狗狗吃

給狗狗吃不新鮮的食物易導致消化不良、感染寄生蟲或引發細菌性食物中毒等問題。出現這些問題時，萬一狗狗又正好產生抗體，那麼，相同的食物就可能成為抗原。因此，手作狗食時應儘量使用新鮮的食材。

5. 避免狗狗攝取到蛋白質分解酵素

有些水果的蛋白質分解酵素含量非常高，狗狗吃下這類富含酵素的食材後，可能因為胃部受刺激而導致體內形成抗體，幼犬更應避免這種情形之發生。水果類食材加熱後即可降低刺激性。香蕉不含這類酵素。

6. 設法維護狗狗的腸道健康

給狗狗吃含益生菌食品、膳食纖維或海藻、納豆等發酵食品，即可促使腸道內的好菌增生，改善腸道內環境，有助於增進免疫力，改善體質。狗狗邁入高齡期後，腸道內環境容易變差，因此建議積極地給有食物過敏困擾的狗狗吃這類食材。

❖ 替代食材的選用方法 ❖

不適合給狗狗吃的食物（過敏原）越多，選擇適合狗狗且有助於改善狀況的方法或手作狗食的難度越高。建議被迫必須選擇手作狗食的飼主們設法確保有助於改善狀況的飲食，從以下項目中挑選出適當的替代食品。

●動物性蛋白質
牛肉、豬肉、雞肉、山豬肉、兔肉、馬肉、鹿肉、羊肉、袋鼠肉、鴨肉、火雞肉、鴕鳥肉、鮭魚、鰈魚、鱸魚、嘉鱲魚、鱈魚等等。

●植物性蛋白質
小紅豆、大豆、小扁豆、四季豆（大紅豆、白大紅豆、大福豆、花豆、黑豆）、鷹嘴豆等等。

●碳水化合物
白米、莧米、小米、大麥、黍米、糙米、小麥、薏仁、稗米、押麥、黑米、紅米、藜麥、高粱、糯性黍米、糯性小米、全麥粉、澄粉、蕎麥、馬鈴薯、蕃薯、樹薯、冬粉、白高粱等等。

健康排便 CHECK

排便為愛犬的健康指標，每天觀察，對健康管理絕對有幫助。
廣泛利用各種食材，親手為狗狗調理餐點時，
排便顏色或味道等可能因飲食內容而不同，了解排便正常與不正常狀態，
有助於發現狗狗的身體狀況變化。

正常、良好的排便特徵

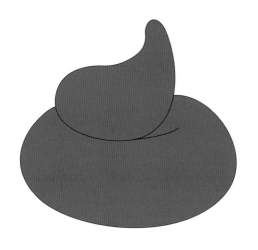

□ **硬度**
軟硬適中，隔著衛生紙等捏起便便時不會變形，
狗狗吃下手作狗食後排便會稍微軟一點。

□ **顏色**
介於茶色與深褐色之間，狗狗吃手作狗食後，相較於吃一般狗糧，排便會偏向於黃色。

□ **味道**
若非大幅改變飲食，排便味道應該大致相同，排便味道特別臭即表示有問題。

□ **次數**
1天1～2次最理想，可能隨著飲食次數而改變。

□ **份量**
和吃下的食物成正比，膳食纖維越豐富越不容易消化，排便量自然增加。

狗狗的排便狀態和平常不一樣時，必須依據狗狗的整個身體狀況，仔細研判到底因食物而引起或因身體異常而引發。反覆出現腹瀉症狀或伴隨腹瀉出現嘔吐等症狀時，就不能排除食物過敏、食物中毒、腸胃炎、感染寄生蟲等之可能性，不能僅就排便情形判斷症狀，必須及早送往動物醫院接受獸醫師之診療。

不良排便實例

排便太硬、顏色太深
消化系統蠕動變遲鈍，出現類似便秘等現象
時，可能因腎臟疾病而引發脫水症狀。

排出泥狀便便
狀似咖哩的濃稠狀態，可能是消化不良等因
素而引起，持續出現時必須留意。

排出墨黑色便便
排出黑黝黝的便便，可能是胃部或十二指腸
出血所致。

排出水漾便便
長期排出水漾便便易引發脫水症狀，非常危
險。

排出附著黏液狀物質的便便
黏液和便便並未完全融合在一起時，可能是
大腸等某個部位出問題。

排出夾雜紅色血跡的便便
便便表面出現血跡時可能是大腸出血等因素
引起。

食物硬度與牙齒保健

目前，據說3歲以上的狗狗罹患牙周病比率已經高達80%。罹患牙周病不只是口腔內的問題，而是可能影響及全身健康的重大問題。狗狗的口腔健康狀況不容易看到，因此，日常生活中必須靠飼主們多加留意，隨時幫狗狗確認或維護。

狗狗比較容易罹患牙周病嗎？

人們的口腔呈酸性狀態，容易形成蛀牙，比較不會形成牙結石。相對地，狗狗的唾液呈弱鹼性狀態，口腔幾乎呈中性，不容易形成蛀牙，卻容易形成齒垢或牙結石，置之不理的話，很容易引發牙周病。牙周病為牙齒周邊發炎的疾病，嚴重時細菌可能入侵牙齦，導致牙齒鬆動或掉落。伴隨出現牙疼症狀時，狗狗即便有食慾也吃不下去，還可能因為壓力而對全身狀況造成負面影響。發炎症狀越來越嚴重而化膿，細菌還可能侵蝕皮膚或顎骨。因此，發現狗狗口腔味道異常、牙齒泛黃、吃飯時感到痛苦……等症狀時，應及早帶狗狗看醫生。

牙周病為引發各種疾病的主要原因

牙周病症狀惡化，口腔內細菌就會經由血液輸送到身體的各個角落。目前已知可能引發心臟、腎臟、肝臟等疾病，心內膜炎、心臟瓣膜疾病、間質性腎炎、肝炎等都是症狀之一。大量產生活性氧，致使細胞氧化，加速身體的各個機能老化都是原因之一。

狗狗的牙齒保健方法

判斷後認定狗狗目前的飲食生活型態易附著齒垢或結石，那就必須像人們一樣，確實做好牙齒的維護保養工作，以免狗狗罹患牙周病。除嚼食牙齒保健口香糖之類的保健方式外，建議利用牙刷，由飼主們親手為狗狗刷牙。使用牙刷之初，建議飼主們將紗布繞在手指上幫狗狗刷牙或在牙刷上塗抹味道為狗狗最喜歡的牙膏等，慢慢地狗狗就會養成刷牙的好習慣。避免狗狗產生「刷牙＝討厭的事情」的念頭，建議飼主和狗狗都能邊刷牙、邊享受其中樂趣。每天都接觸狗狗的口腔，狗狗的某個部位疼痛等一出現變化，飼主就會馬上發現到，即可在牙齒狀況惡化之前及早謀求因應對策。

依體重分類　最理想的熱量攝取量速見表

「肥胖」和所有疾病關係匪淺
務必提高警覺

狗狗肥胖情形越來越普遍。狗狗長胖一點比較可愛呀！有這種想法的飼主也不少吧？和人類一樣，狗狗過胖容易引發各種疾病。既然愛狗狗，那麼，維護愛犬的身體健康，確實做好飲食管理工作以免愛犬成了肥胖狗是飼主們的重要任務。

狗狗肥胖的最主要原因

相較於過去，施行結紮、避孕的情形越來越常見，因此，大家都認為荷爾蒙失調就是狗狗肥胖的主要原因，事實上，飲食過量才是肥胖之元兇。狗狗的飼養型態從養在屋外漸漸地轉變成養在家裡後，狗狗吃點心等主食以外食物的機會大增，即便不是一次給狗狗吃太大量，不過，假使每個家人都給牠吃一點，狗狗吃下的量就很可觀。其次，狗狗邁入高齡期後活力不再像過去那麼旺盛，有些飼主們依然每天讓愛犬吃下超過的熱量，因此，飼主們的行為可說也是狗狗肥胖的原因之一。

肥胖為百病之因

目前，即便是人類的世界，代謝症候群問題也越來越受矚目，肥胖為各種疾病之溫床的說法在狗狗世界也適用，心臟疾病、呼吸系統疾病、關節疾病、疝氣、糖尿病、高血壓等，以生活習慣病為首的各種疾病很可能都是因為肥胖而引起。

如何知道狗狗體重是否過重呢？

每一種類型的狗狗都有一定的基本體型大小，不過，還是有個別差異，重點是必須了解愛犬的理想體重並設法維持。小型犬至中型犬的理想體重以1歲時的體重為基準即可。大型犬的成長期結束得比較晚，建議以出生後約18個月的體重為基準，覺得狗狗體重增加時就摸摸狗狗的身體，發現「好像有點太胖？」時則建議確認一下狗狗身上的脂肪生長情形吧！

狗狗的體重高於理想體重時該怎麼辦？

發現狗狗太胖時就大幅降低給狗狗吃的食物量，急著讓狗狗的體重降下來是非常危險的行為，對愛犬的健康可能造成負面的影響。建議經常確認狗狗的體重，絕不能懷著短時間內就要狗狗減肥成功的想法，必須做長遠的規劃。突然讓狗狗增加運動量以消耗熱量或狗狗體重過重時勉強運動，對於關節或心肺功能都會造成負擔。減重計畫最好在獸醫師的指示下進行，以最正確的方法展開。其次，家人們的協助也很重要。此外，家人拿給狗狗吃的食物或點心是否超過一天的必要量呢？記得確認這一點喔！

透過「體態評分（BCS）」確認狗狗的體型變化

除透過體重確認狗狗是否過於肥胖外，另一個確認方法為通稱「體態評分（BCS）」的評量法。體態評分是一種目測寵物外觀搭配實際觸診的確認方式。建議飼主們養成隨時確認愛犬體型的好習慣，確實做好愛犬的健康維護工作。

體態評分（BCS）與體型確認表

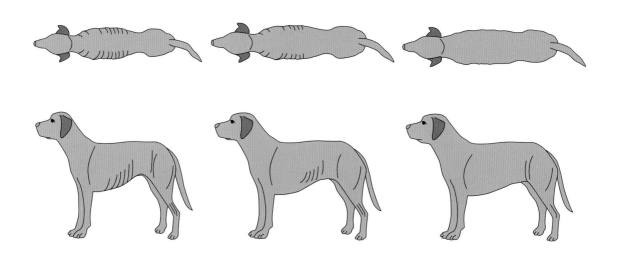

太瘦	略瘦	理想體型
體脂肪：5%以下	體脂肪：6～14%	體脂肪：15～24%

覆蓋肋骨、腰椎、骨盤的皮下脂肪相當缺乏，骨骼明顯地浮現出來，很容易觸摸到骨頭的狀態。外觀上腰部明顯內凹，腹部高高吊起。

覆蓋肋骨、腰椎、骨盤的皮下脂肪非常薄，容易觸摸到骨骼的狀態。由背部往下看時，腰部明顯內凹，腹部高高吊起。

薄薄的皮下脂肪適度地覆蓋住肋骨、腰椎、骨盤，還可摸到骨骼。由背部往下看時，肋骨後方的腰部明顯內凹，從側面看時腹部適度吊起而畫出優美線條。

定期確認即可及早發現狗狗的體型變化

理想體型為由外觀上看不出肋骨，用手可摸到肋骨，從背後往下看時肋骨後方稍微往內凹，從側面看時腹部微微地往上吊的狀態。過於肥胖時肋骨被覆蓋在皮下脂肪底下，用手摸不到肋骨，腹部圓滾滾，簡直像汽油桶，從側面看時感覺腹部有點下垂。依據體型確認體重完全是主觀判斷，很難精準地掌握狗狗目前的評分數據。不過，建議日常生活中經常觸摸狗狗的身體，狗狗發胖時馬上就會發現到。自認無法經常確認的人，建議定期測量、記錄狗狗的體圍或拍下照片做比較。

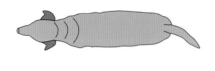

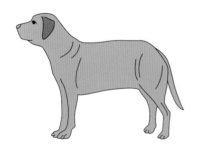

微胖
體脂肪：25～34%

皮下脂肪確實覆蓋住肋骨、腰椎、骨盤，但還可摸到骨骼的狀態。由背後往下看時，幾乎看不出腰部往內凹，從側面看時腹部微微地往上吊。

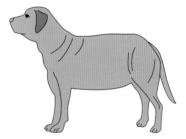

肥胖
體脂肪：35%以上

厚厚的皮下脂肪覆蓋住肋骨、腰椎、骨盤，不容易摸到骨骼的狀態。由背後往下看時，完全看不出腰部往內凹，腹部突出後下垂。

超小型犬（3kg以下）

依據愛犬體重和生命階段，計算後即可了解狗狗一天內的熱量、水分、蛋白質、脂肪之必要量。建議一併參考依據體重分類，一眼就能看出狗狗攝取熱量的圖表。

■主要品種

吉娃娃、日本狆犬、博美犬、馬爾濟斯犬、約克夏梗犬

■1天的必要熱量算法

利用以下公式算出RER（動物「未睡著、靜靜地休息」條件下消耗的熱量、Resting Energy Requirement）。

RER＝70 × W0.75（kcal ME／日）：70 × 體重的3/4（0.75）

RER乘以生命階段係數後計算出來的數值就是DER（一天的熱量需求量、Daily Energy Requirement）

DER＝RER × 生命階段係數（kcal ME／日）

※計算時引用AAFCO（美國飼料管理協會、Association of American Feed Control Officials）的計算公式。

■1天的水分必要量大致基準：DER單位量換算成ml／日之數值
■1天的蛋白質必要量計算公式：4.8g × 體重
■1天的脂肪必要量計算公式：1.1g × 體重

※計算蛋白質、脂肪必要量時引用NRC（美國學術研究會議）訂定的基準。

體重為2kg的狗狗

1 天的熱量必要量：164 ～ 211kcal
1 天的水分必要量：164 ～ 211ml
1 天的蛋白質必要量：9.6g
1 天的脂肪必要量：2.2g

※除蛋白質和脂肪外，剩下的熱量就是碳水化合物（含維生素、礦物質、膳食纖維）。應避免碳水化合物量比例低於所有熱量的30％。

※生命階段係係以維持期的最大數值（RER 1.4～1.8）為基準，小數點後第1位捨去。

＜依生命階段分類　最理想的熱量攝取量速見表＞

1 ～ 2kg	幼　　　犬	140 ～ 294	kcal
	成　　　犬	112 ～ 188	kcal
	高　　齡　犬	98 ～ 164	kcal

2 ～ 3kg	幼　　　犬	234 ～ 397	kcal
	成　　　犬	187 ～ 254	kcal
	高　　齡　犬	163 ～ 222	kcal

※ 生命階段係數係以幼犬（中期）、成犬（維持期、避孕・結紮後）、高齡犬（初老期）為基準，小數點後第 1 位捨去。

■何謂「生命階段係數」？

狗狗所需養分量因年齡或生理狀態而不同，因此，必須乘以符合飼養條件的係數。狗狗的活動量、氣溫或濕度等環境因素、居住環境（室內飼養、室外飼養）、品種差異（皮下脂肪厚度、肌肉量、短毛犬、長毛犬）、多頭飼養等都可能影響到DRE。本單元中計算出來的一日必要量僅供參考，未必適用於每一隻狗，必須和愛犬體重變化、體態評分比較後，定期地請獸醫師評估是否恰當或需不需要調整。

＜生命階段係數＞

幼犬期（初期、離乳後第1週～體重約成犬50%之期間）

RER × 3.0

幼犬期（中期、體重約成犬50～80%之期間）

RER × 2.5～2.0

幼犬期（後期、體重為成犬的80%～成犬為止之期間）

RER × 2.0～1.8

成長期（整個幼犬時期）

RER × 2.5

維持期（避孕、結紮後）

RER × 1.6

維持期（避孕、結紮前）

RER × 1.4～1.8

高齡期（初老期）

RER × 1.4　　※必須觀察體重和BCS增減情形後調整。

小型犬（3～10kg）

■主要品種

獅毛犬、義大利靈堤、西高地白梗、威爾斯梗犬、澳洲絲毛梗、澳洲梗犬、騎士查理士王小獵犬、查理士王長毛獵犬、凱恩梗、科克爾犬、棉花面紗犬、西施犬、西里漢梗犬、喜樂蒂牧羊犬、德國狩獵梗、傑克羅素梗、斯開島梗犬、史奇派克犬、蘇格蘭梗犬、短毛獵狐梗、丹第丁蒙梗、西藏獵犬、中國冠毛犬、玩具貴賓犬、玩具曼徹斯特梗、日本狐狸犬、日本梗犬、諾福克梗、諾威奇梗、帕森羅素梗、巴哥犬、蝴蝶犬、比熊犬、小型布拉班康犬、布魯塞爾格里芬犬、北京犬、貝林登梗犬、布魯塞爾格里芬犬、波斯頓梗犬、博洛尼亞犬、曼徹斯特梗犬、迷你雪納瑞、迷你臘腸狗、迷你杜賓犬、墨西哥無毛犬、拉薩犬、羅秦犬、剛毛獵狐犬

體重為5kg的狗狗

1 天的熱量必要量：327 ～ 421 kcal
1 天的水分必要量：327 ～ 421 ㎖
1 天的蛋白質必要量：24g
1 天的脂肪必要量：5.5g

※除蛋白質和脂肪外，剩下的熱量就是碳水化合物（含維生素、礦物質、膳食纖維）。應避免碳水化合物量比例低於所有熱量的30%。

※生命階段係數係以維持期的最大數值（RER 1.4～1.8）為基準，小數點後第1位捨去。

<依生命階段分類 最理想的熱量攝取量速見表>

3 ～ 4kg	幼		犬	319 ～ 495	kcal
	成		犬	254 ～ 316	kcal
	高	齡	犬	222 ～ 277	kcal

4 ～ 5kg	幼		犬	395 ～ 585	kcal
	成		犬	316 ～ 374	kcal
	高	齡	犬	277 ～ 327	kcal

5 ～ 6kg	幼		犬	468 ～ 670	kcal
	成		犬	374 ～ 429	kcal
	高	齡	犬	327 ～ 375	kcal

6 ～ 7kg	幼		犬	536 ～ 753	kcal
	成		犬	429 ～ 481	kcal
	高	齡	犬	375 ～ 421	kcal

7 ～ 8kg	幼		犬	602 ～ 832	kcal
	成		犬	481 ～ 532	kcal
	高	齡	犬	421 ～ 466	kcal

8 ～ 9kg	幼		犬	665 ～ 909	kcal
	成		犬	532 ～ 581	kcal
	高	齡	犬	466 ～ 509	kcal

9 ～ 10kg	幼		犬	727 ～ 984	kcal
	成		犬	581 ～ 629	kcal
	高	齡	犬	509 ～ 551	kcal

※生命階段係數係以幼犬（中期）、成犬（維持期、避孕‧結紮後）、高齡犬（初老期）為基準，小數點後第1位捨去。

中型犬① (10～15kg)

■主要品種

愛爾蘭梗犬、美國可卡獵犬、英國可卡獵犬、惠比特犬、卡達根威爾斯柯基犬、潘布魯克威爾斯柯基犬、柴犬、斯塔福郡鬥牛梗、標準型臘腸犬、西藏梗犬、貝生吉犬、米格魯、波利犬、庇里牛斯牧羊犬、小型格里芬巴塞特犬、布烈塔尼獵犬、法國鬥牛犬、祕魯無毛犬、邊境梗犬、波蘭低地牧羊犬、迷你牛頭梗犬、湖畔梗

體重為10kg的狗狗

1 天的熱量必要量：551～708kcal
1 天的水分必要量：551～708 mℓ
1 天的蛋白質必要量：48g
1 天的脂肪必要量：11g

※除蛋白質和脂肪外，剩下的熱量就是碳水化合物（含維生素、礦物質、膳食纖維）。應避免碳水化合物量比例低於所有熱量的30%。

※生命階段係數係以維持期的最大數值（RER 1.4～1.8）為基準，小數點後第1位捨去。

<依生命階段分類 最理想的熱量攝取量速見表>

10 ～ 11kg	幼		犬	787 ～ 1057	kcal
	成		犬	629 ～ 676	kcal
	高	齡	犬	551 ～ 591	kcal

11 ～ 12kg	幼		犬	845 ～ 1128	kcal
	成		犬	676 ～ 722	kcal
	高	齡	犬	591 ～ 631	kcal

12 ～ 13kg	幼		犬	902 ～ 1198	kcal
	成		犬	722 ～ 766	kcal
	高	齡	犬	631 ～ 670	kcal

13 ～ 14kg	幼		犬	958 ～ 1266	kcal
	成		犬	766 ～ 810	kcal
	高	齡	犬	670 ～ 709	kcal

14 ～ 15kg	幼		犬	1013 ～ 1333	kcal
	成		犬	810 ～ 853	kcal
	高	齡	犬	709 ～ 746	kcal

※生命階段係數係以幼犬（中期）、成犬（維持期、避孕・結紮後）、高齡犬（初老期）為基準，小數點後第1位捨去。

中型犬② (15～20kg)

■主要品種

愛爾蘭軟毛梗犬、美國斯塔福郡梗犬、威爾斯史賓格獵犬、澳洲牧牛犬、澳洲卡爾比犬、甲斐犬、紀州犬、凱利藍梗、韓國珍島犬、四國犬、標準型雪納瑞犬、挪威獵麋犬、牛頭梗、伯爾尼獵犬、邊境牧羊犬

體重為15kg的狗狗

1 天的熱量必要量：746～960kcal
1 天的水分必要量：746～960ml
1 天的蛋白質必要量：72g
1 天的脂肪必要量：16.5g

※除蛋白質和脂肪外，剩下的熱量就是碳水化合物（含維生素、礦物質、膳食纖維）。應避免碳水化合物量比例低於所有熱量的30%。

※生命階段係係以維持期的最大數值（RER 1.4～1.8）為基準，小數點後第1位捨去。

<依生命階段分類 最理想的熱量攝取量速見表>

15 ~ 16kg	幼 犬	1067 ~ 1400	kcal
	成 犬	853 ~ 896	kcal
	高 齡 犬	746 ~ 784	kcal

16 ~ 17kg	幼 犬	1120 ~ 1465	kcal
	成 犬	896 ~ 937	kcal
	高 齡 犬	784 ~ 820	kcal

17 ~ 18kg	幼 犬	1172 ~ 1529	kcal
	成 犬	937 ~ 978	kcal
	高 齡 犬	820 ~ 856	kcal

18 ~ 19kg	幼 犬	1223 ~ 1592	kcal
	成 犬	978 ~ 1019	kcal
	高 齡 犬	856 ~ 891	kcal

19 ~ 20kg	幼 犬	1274 ~ 1655	kcal
	成 犬	1019 ~ 1059	kcal
	高 齡 犬	891 ~ 926	kcal

※生命階段係數係以幼犬（中期）、成犬（維持期、避孕·結紮後）、高齡犬（初老期）為基準，小數點後第1位捨去。

大型犬（20kg以上）

■主要品種

愛爾蘭獵狼犬、愛爾蘭雪達犬、愛爾蘭紅白雪達犬、秋田犬、阿富汗獵犬、阿拉斯加雪橇犬、伊比莎獵犬、英國史賓格犬、英國雪達犬、英國波音達獵犬、萬能梗、艾斯崔拉山犬、澳洲牧羊犬、英國古代牧羊犬、捲毛尋回獵犬、荷蘭毛獅犬、庫巴斯犬、克倫伯獵犬、大型日本犬、大丹犬、靈堤犬、大白熊犬、戈登雪達犬、黃金獵犬、可蒙犬、薩摩耶犬、薩路奇犬、西伯利亞哈士奇、沙皮狗、德國狼犬、德國短毛波音達犬、德國剛毛波音達犬、大型雪納瑞犬、標準型貴賓犬、西班牙獒犬、可麗牧羊犬、北非獵犬、聖伯納犬、泰國脊背犬、大麥町犬、奇沙皮克獵犬、西藏獒犬、鬆獅犬、獵鹿犬、杜賓犬、阿根廷杜高犬、土佐犬、拿坡里獒犬、紐芬梗犬、新斯科亞誘鴨獵犬、灰色挪威獵麋犬、伯恩山犬、巴吉度獵犬、匈牙利短毛威茲拉犬、長鬚牧羊犬、庇里牛斯牧羊犬、法老王獵犬、田野獵犬、法蘭德斯畜牧犬、巴西護衛犬、平毛尋回犬、偵探犬、伯瑞犬、鬥牛犬、牛頭獒、比利時格羅安達牧羊犬、比利時坦比連牧羊犬、比利時馬利諾斯牧羊犬、比利時拉坎諾斯牧羊犬、法國狼犬、葡萄牙水犬、拳獅犬、北海道犬、蘇俄牧羊犬、波爾多馬士提夫犬、白色瑞士牧羊犬、獒犬、馬雷馬牧羊犬、大型明斯特蘭犬、長毛牧羊犬、拉布拉多獵犬、蘭伯格犬、羅德西亞脊背犬、羅威納犬、威瑪獵犬

體重為25kg的狗狗

1 天的熱量必要量：1095 ～ 1408kcal
1 天的水分必要量：1095 ～ 1408 mℓ
1 天的蛋白質必要量：120g
1 天的脂肪必要量：27.5g

※除蛋白質和脂肪外，剩下的熱量就是碳水化合物（含維生素、礦物質、膳食纖維）。應避免碳水化合物量比例低於所有熱量的30%。

※生命階段係數係以維持期的最大數值（RER 1.4～1.8）為基準，小數點後第1位捨去。

<依生命階段分類 最理想的熱量攝取量速見表>

20 ~ 22kg	幼　　　犬	1324 ~ 1777	kcal
	成　　　犬	1059 ~ 1137	kcal
	高　齡　犬	926 ~ 995	kcal

22 ~ 24kg	幼　　　犬	1422 ~ 1897	kcal
	成　　　犬	1137 ~ 1214	kcal
	高　齡　犬	995 ~ 1062	kcal

24 ~ 26kg	幼　　　犬	1518 ~ 2014	kcal
	成　　　犬	1214 ~ 1289	kcal
	高　齡　犬	1062 ~ 1128	kcal

26 ~ 28kg	幼　　　犬	1611 ~ 2130	kcal
	成　　　犬	1289 ~ 1363	kcal
	高　齡　犬	1128 ~ 1192	kcal

28 ~ 30kg	幼　　　犬	1704 ~ 2243	kcal
	成　　　犬	1363 ~ 1435	kcal
	高　齡　犬	1192 ~ 1256	kcal

※生命階段係數係以幼犬（中期）、成犬（維持期、避孕‧結紮後）、高齡犬（初老期）為基準，小數點後第1位捨去。

●監修

岡本羽加(P10〜22、P24〜42、P44〜62、P64〜80、P82〜89、P92〜93、P98〜111)
寵物營養管理師、日本寵物營養學會會員。和愛犬一起生活後，開始以寵物生活設計師身分從事相關活動，運用寵物營養管理相關知識，設立手作狗食諮詢機構，提供「dog deli pro」寵物食譜相關服務，積極地為愛犬人士提供不會破壞營養素的調理法、當令食材的活用法、食譜或手作狗食相關諮詢等的最健康、最著重於營養均衡的狗狗飲食生活相關提案。

高崎一哉(P8〜9、P90〜91、P94〜96、P98〜101)
高円寺動物醫院院長。醫療範圍廣泛涵蓋及貓、狗、鳥類或倉鼠，除為動物治療疾病外，還提供改善飲食或打造良好飼養環境相關服務，積極地和犬隻訓練師合作，戮力於犬隻的生活教育指導工作。監修書籍＜愛犬元気!! 手づくりごはん(愛犬健康!! 手作狗食)＞(COSMIC出版)、＜愛犬をかしこく、丈夫に育てる健康ごはん入門(把愛犬飼養得乖巧、健康又強壯的手作狗食入門)＞(主婦與生活社)等。

安川明男(P90〜91)
獸醫師、Ph.D. 西荻動物醫院前院長、上石神井動物醫院諮商師。
林屋生命科學研究所(京都府)特別研究員、日本傳統獸醫學會理事。
著有『イラストでみるイヌの病気』、『イラストでみるイヌの応 急手当』(共編、講談社)、
『うちの愛犬を一日でも長生きさせる法』(講談社＋α新書)、
『よいイヌ、わるい癖』(翔泳社)等、以及無數翻譯書籍。

●食材提供
P29　無薬飼育鶏手羽 、P33　ニュージーランド産ラム肉スペシャルカット http://sakaikikaku.com/
P33　国産馬肉チャンキーカット 、P33　エゾ鹿生肉赤身角切り http://www.pochi.co.jp/

●参考文献
「あたらしい皮膚科学」中山書店
「飼い主のためのペットフード・ガイドライン〜犬・猫の健康を守るために〜」環境省自然環境局総務課動物愛護管理室
「からだにおいしい野菜の便利帳」高橋書店
「からだによく効く食材＆食べあわせ手帖」池田書店
「化粧品・外用薬研究者のための皮膚科学」文光堂
「五訂増補食品成分表2011」女子栄養大学出版部
「細胞機能と代謝マップⅠ」東京化学同人
「The CELL 細胞分子生物学 第4版」ニュートンプレス
「脂質の科学」朝倉書店
「小動物の栄養マニュアル〜ライフステージ・疾患別に考える〜」ファームプレス
「小動物の臨床栄養学」マークモーリス研究所日本連絡事務所
「動物看護のための動物栄養学」ファームプレス
「人気の犬種図鑑174」日東書院本社
「日本の食材帖　野菜・魚・肉」主婦と生活社
「PAFE japon no.5 winter」アニコムパフェ
「ペット栄養管理士養成講習会テキストA教程」日本ペット栄養学会
「ペット栄養管理士養成講習会テキストB教程」日本ペット栄養学会
「ペット栄養管理士養成講習会テキストC教程」日本ペット栄養学会
「マクロビオティックのおいしいレシピ」主婦と生活社
「よくわかる生理学の基礎」メディカル・サイエンス・インターナショナル

ORIGINAL JAPANESE EDITION STAFF

撮影　村岡亮輔、西田香織、櫻井健司、田中秀宏、川上博司、石川皓章
スタイリング　前田亜希　逸村美萌(華音舎)
デザイン　富岡洋子
イラスト　灰田文子
構成・執筆　山崎永美子、中澤小百合、二宮アカリ
企画　二宮アカリ
編集・進行　髙橋花絵

モデル犬
ぱんだ(アメリカン・コッカー・スパニエル)
ひなぶ(チワワ)
ひまわり(ミニチュア・ダックスフンド)
クリーム(ミックス)
やまと(ラブラドール・レトリーバー)